朝日新聞ウェブ記者の

# スマホで「読まれる」「つながる」文章術

Shojiro Okuyama
奥山晶二郎

Discover

# はじめに

**まず、「読まれないと意味がない」。**

それは、私がウェブメディア「ｗｉｔｈｎｅｗｓ（ウィズニュース）」の編集長を8年間務めるなかで痛感してきたことです。

クリックされないと、そもそも次のステップに進めない。

デジタル空間では、何はともあれ、たくさんの人に「読まれる」ことが必要です。この本を手にとったあなたも、なんらかの形でデジタル空間での発信に携わっているなら、実感するところではないでしょうか。

**でも、もう一つ、大事なことがあります。**

**それが、読者と「つながる」ことです。**

例えば、ｗｉｔｈｎｅｗｓの記事で「１００万ＰＶ（ページビュー／クリックされた数）読まれた記事」が二つあったとします。

一つは、一度読んだらそれっきりという読まれ方。

もう一つは、ＳＮＳでどんどんシェアされ、フォロワーが増え、書き手がイベントに呼ばれる、といった広がりやつながりが生まれる読まれ方。

どちらがいいかといえば、もちろん後者です。

**読まれたい。でも、読まれるだけでなく、読まれた後の変化まで期待したい。**

極端な話をすると、「読まれる」だけなら、ある程度まではいけます。

数字を伸ばすテクニックを駆使すれば、多くの人の目に触れることはできなくはない。

でも、一方的に知ってほしいことだけを押しつけても、意味ないと思いませんか？

だからこの本は、**ユーザーに「読まれる」だけでなく「つながる」ことまで考えた文章術を伝える本になります。**

ご紹介が遅れましたが、ｗｉｔｈｎｅｗｓとは、朝日新聞社が２０１４年、「新聞を読まない世代に届く」「スマホで情報を得る世代に届く」ために立ち上げたウェブメディアです。

私は、そのｗｉｔｈｎｅｗｓで立ち上げから８年間編集長をしてきました。

**スタートから５年で月間１億５千万ＰＶを達成、マネタイズにも成功しています。**

**しかしｗｉｔｈｎｅｗｓでは、数字には貪欲に向き合いつつも、「バズらせてのしあがる」みたいなのはちょっと違うな、と思ってやってきました。**

**それよりも、子育てとか、恋愛とか、普段の生活の中で起きるちょっとした出来事を通じてユーザーと「つながる」ことを大事にしたい。**

「ＰＶ数」「読まれる」の先には、そんな関係が生まれることを大切にしてきました。

「つながる」を、もっと具体的に言うと、

・「いいね！」や「シェア」をしてくれる
・自分のＳＮＳやブログで話題にしてくれる
・会員登録をしてくれる
・商品を購入してくれる
・購入したうえで、商品をおすすめしてくれる
・メディアから取材がくる
・他社からビジネスの提案がくる

などです。

要は、

**「読み手の気持ちがちょっと変化して、それが何か行動として表れる」**

そういうことだと思うのです。

そのためには、**「読まれる」文章とセットで「つながる」文章が必要です。**

そんな「読まれる」「つながる」文章の書き方から、そのためのネタの見つけ方、言葉の選び方、書き方のポイント、ユーザーとの付き合い方などをこの本にまとめています。

この本は、次に挙げるような、いろんな人に読んでもらいたいと思って書きました。

・広報やＰＲ、宣伝を仕事にしていてデジタル空間での発信を担っている人
・自営業やフリーランスで自分の商品やサービス、作品を発信していきたい人
・趣味や好きなことを発信して、できればビジネス化も考えている人
・突然会社から、「ｎｏｔｅを書いてみない？」と振られて困っている人
・会社のＳＮＳやオウンドメディアでの発信に関心がある人

では、早速、本編に……と言いたいところですが、その前に、少し私自身のこれま

でをお話しさせてください。

２０００年朝日新聞社に入社した私は、佐賀、山口で記者として働きました。その後、２００５年に福岡で紙面のレイアウトや見出しを考える編集センターの仕事に異動になります。

編集センターとは、記者が書いた原稿に、どんな見出しをつけ、どのくらいの大きさでレイアウトするかを考える部署です。新聞全体を見わたす仕事で、新聞紙面という「紙」に向き合う部署ともいえます。

そこでの仕事で私は、「新聞を作る側」と「読者」との間に距離ができてしまっていると感じます。

例えば選挙報道。新聞社は、新聞紙面の最終版に、どれだけ最新の議席数や当選者の名前を載せられるかにこだわります。そのために、とてつもないお金や人を注ぎ込んでがんばります。

でも、新聞が届く朝には、テレビやネットでほとんどの当選者の名前はわかります。

それなのに、なぜ新聞社は〝速報〟をがんばるのか。

今は、選挙報道もデジタルに軸足が移っていますが、15年前、私が編集センターにいたときは、「他紙との紙面競争に勝つこと」が大事なことだとされていたのです。

**そこに「読者のため」という視点がどれだけあるのか。**

**なんか違う方向に目線が向いているんじゃないか。**

そんな残念な気持ちを抱きながら、仕事をしていました。

読者のニーズからはずれた情報に大きなリソースを注ぎ込むことに対して、「読者に背を向けている」と感じる自分がいました。

読者に向き合っていないのではないかと思うようになったのです。

2007年にデジタル部門に希望して異動しました。asahi.com の編集に携わり、「朝日新聞デジタル」の立ち上げ、動画、データジャーナリズム、SNS連動企画などを担当します。

そして、2014年、withnewsをスタートさせることになります。

私はこのとき、**「読まれる」だけでなく、読者のニーズに応えることを大事にしたいと思いました。**

**メディアの名前に「with（ウィズ）」をつけたのもそのためです。**

**そこには、ユーザーと一緒にコンテンツを作るという思いと、ユーザーにとって身近な存在でいたいという、二つの意味が込められています。**

ｗｉｔｈｎｅｗｓは、新聞社の中では先駆けてＳＮＳで話題になった出来事を記者が取材するスタイルを確立しました。

また、取材リクエストにも力を入れました。ニュースを決めるのはメディアだけではない。ユーザーが知りたいと思うこと、ネットで話題になっていることもニュースであり、記者が取材するべきテーマになると考えたからです。

それを大事にした結果、これまでの新聞記事では生まれなかった読者とのつながりが、瞬く間に広がっていきました。**ｗｉｔｈｎｅｗｓがこだわったのは、ユーザーと一緒にニュースを作ること。**

とはいえ、そんなユーザーとの関係を築けたのも、ちゃんと多くの人に読まれたからです。そのため、**数字にも真剣に向き合いました。**

結果、スタートから約5年、ゼロから始めたメディアは、２０２０年5月には1億５３００万ＰＶ（８３０万ＵＵ）にまで成長しました。

少数精鋭のメンバーで運営してきたｗｉｔｈｎｅｗｓの編集部員は、この時、わずか８人程度。そんなメディアが、当時約２千人の記者で運営していた朝日新聞デジタルのＰＶの半分に匹敵する規模まで大きくなったのです。

一方で、潮目の変化を感じ始めたのもこの頃でした。

当初から大事にしてきた「つながる」ことを忘れないようにしないと、数字狙いの落とし穴にはまってしまう。

コンテンツが飽和する環境の中、「読まれる」だけで勝負することの難しさを、ひしひしと感じるようになったのです。

そこで、思いきって方針転換をしました。

もっと「つながる」に舵を切ったのです。

結果、ＰＶは落ちました。編集長を離れるときには、半分以下にまで減っていました。

ところが、メディアとしての知名度は下がるどころか、どんどんと上がっていき、企業からコラボの相談が増え、広告収入を増やすことができました。

マネタイズに成功し、ビジネス的にも上昇気流に乗れたのです。

ｗｉｔｈｎｅｗｓでは、たくさんのクライアント企業とコラボしてきました。

広告を作る前の段階から関わり、一緒に議論をし、どうしたら商品の魅力が伝わるか、ファンとなってもらえる人を増やせるか、そんなことを考えながら文章を書いてきました。

また、文章だけではなく、企業の特設サイトの立ち上げやイベントも形にしてきました。

だから、この本で書かれている文章術は、報道や編集にとどまらない、広報やＰＲ、宣伝などの仕事をされている方にも役に立つものです。

もっといえば、**「読まれる」と「つながる」を大事にしてきたｗｉｔｈｎｅｗｓの文章の書き方や表現方法、ユーザーとの付き合い方などは、デジタル空間での発信に関わるすべての人にとって、参考になるものだと思っています。**

**1章は、「スマホという読まれる『場所』を意識する」**です。今、デジタル空間で文章を読む場所は、パソコンではなく、スマホがほとんどです。スマホでユーザーに読んでもらうにはどんな工夫や配慮が必要かということを書きました。

**2章の「『身近感』『自分ごと化』で読まれる」**では、「きちんと読まれてユーザーの心に響く文章」を書くためのコツやネタのヒントについて書いています。

**3章は、「つながる文章には、まず『自分を出す』」**です。人と仲良くなりたいなら、まず自己紹介から始めますよね。文章も同じです。文章で人とつながりたいなら、まず、文章の中に「自分を出す」ことが大切です。この章では、自分の思いや悩み、趣味や好きなことを書くなど「文章の中に自分を出す」ことについて書きました。

**4章は、「読まれた先でユーザーを動かすには？」**です。「読まれた先」で、ユーザーが動く文章について書いています。ついシェアしたくなる、話題にしたくなる、商品を買ってしまう、ファンになってしまう伝え方について、私なりに考えたポイントになります。

**5章は、「炎上やアンチともうまくやっていく」**です。できれば避けたい炎上やアンチですが、発信に携わる以上、知っておきたいことについて書きました。

最後の**6章は、「マンガ、動画……文章以外でつながる」**です。文章術の本書ですが、文章以外にも伝え方のツールはたくさんあります。マンガ、動画など、そんな伝え方について書いています。

**今、発信する人は増え、発信する場所もどんどん広がっています。**

例えば、企業自らがメディアを運営するオウンドメディアが生まれ、そこからは良質なコンテンツが次々と発信されています。

ブログの代名詞となった「ｎｏｔｅ」ですが、２０２２年4月には会員数は５００万人を超えています。その魅力は「穏やかにコミュニケーションできる場」「〝荒れない〟ネット空間」にあります。

「炎上」「荒れる」を気にせず、つながりたい、というユーザーが多いのだと思います。

〝最安値〟が重視されがちなネット通販でも変化が起きています。

ネット通販のサイトを手軽に作れる「ＢＡＳＥ」のような新しいサービスでは、店主がブログを使って自分の思いをコンテンツ化しています。

その発信が商品の売り上げを左右し、ファンの結びつきを強化する。そんな動きがどんどん生まれています。

**「読まれる」そして「つながる」ための書く力が今ほど求められている時代はありません。**

そんな変化のタイミングに、本書が、あなたにとって少しでもお役に立てたら、これに勝る喜びはありません。

２０２３年１月

奥山晶二郎

朝日新聞ウェブ記者のスマホで「読まれる」「つながる」文章術　もくじ

はじめに　3

1章

# スマホという読まれる「場所」を意識する

スマホの「ながら操作」をする
ユーザーを意識して書く

オチは早めに言う 30
ユーザーにとって「探しやすい言葉」を使う 34
読んでほしい人の顔を思い浮かべる 38
キーになる単語はタイトルに必ず入れる 41
ドキッとする言葉の近くに未知の単語を配置する 45
伝えたいネタから最も縁遠いものをぶつける 48
伝えたいことは、あえてはじめに書かない 52
配信時間をずらす。なんなら曜日にもこだわる 57
プラットフォームが違えば読まれる文章も違う 61

# 2章

# 「身近感」「自分ごと化」で読まれる

## たくさん読まれて、心に響く文章を書く

主役を「新商品」から「人」にずらす　72
主役をもっと「大きいテーマ」にする　76
発想を変えて「古いもの」に目を向けてみる　80
親しみやすい「地元ネタ」は鉄板で読まれる　85
「閉店」は最強コンテンツ　88
「普通の人の普通の1日」をコンテンツにしてしまう　92

ささいな疑問をメモする 97

3章

# つながる文章には、まず「自分を出す」

自分の悩み、思い、好きなことを出していこう

自分が当事者のテーマで書いてみる 106
伝えたいことは自分の体験とからませて書く 110
「やってみた」はあとから作れる自分の体験 116
「やってみた」ものの結果や結論はなくてもいい 120

「当事者ではない」ことを強みにする書き方とは 123
個人の趣味まるだしでいい 128
単に「気になっただけ」で好奇心から書いてみる 131
自分の「専門」を出す。かけ算するとなおよい 134

# 4章

# 読まれた先でユーザーを動かすには？

「つながる文章」とは、ユーザーを動かす文章である
ネタはユーザーからもらってしまう 144
企業プロモーションに最適。「地元ネタ」は参加しやすい 148

地味な話、よくある話を丁寧に描写する 151
ターゲットをしぼったら、むしろ読者が広がった 155
関心がある人の「口コミ」の熱量を大事にする 160
読まれる量は少なくとも、別の仕事につながる文章 165
マニアの世界を追求する 168
結論を押しつけないほうが、ユーザーは参加しやすい 171
「一緒に悩む」「一人じゃない」というスタンスをとる 176
「知りたい」の次には「支えたい」がくる 179
買いたくなる「物語」がそこにあるか 182
「双方向」で物語を作るとつながりは太くなる 186

# 5章

# 炎上やアンチともうまくやっていく

熱量の高いネガティブな意見を目立たせないようにするために

「伝える内容」よりも「伝え方」に気をつける 196
知っているからといって、ひけらかさない 201
共感の言葉を、まず、入れる 204
「反対意見」はあらかじめ盛り込んでおく 207
言いにくいことを書くときは、「他人を巻き込まない」 211
炎上から逃げずに、もう一度コンテンツにする 216

# 6章

# マンガ、動画……文章以外でつながる

伝わりやすい「器」に入れて伝えたいことを届ける

「言葉にしづらい感情」を表現できるのがマンガ 226
普通の人の普段の生活を共感コンテンツにする 230
素人でもいい。マンガを描いてしまう 234
猫コンテンツに堂々と乗っかる 238

動画の「気軽さ」を活用して伝える 242

「ゆるさ」を出すためにLINEの会話形式を使う 246

おわりに 251

**購入特典**

本書に収録できなかった未発表原稿を下記よりダウンロードいただけます。ぜひ、ご活用ください。

https://d21.co.jp/special/tsunagaru

ユーザー名 ▶ discover2932
パスワード ▶ tsunagaru

# 1章

# スマホという読まれる「場所」を意識する

# スマホの「ながら操作」をするユーザーを意識して書く

あなたは、今、スマホを1日どのくらい見ているでしょうか。

友だちや恋人とのコミュニケーションから好きなタレントの情報、ゲームはもちろんのこと、ニュースやお得なクーポンまで。スマホの中は、いつだって、いろんな誘惑が飛び交っています。

そして、ユーザーであるあなたは、何を見ようか、いつそこから離脱しようか、そんな判断を繰り返しているのではないでしょうか。

もちろん、スマホの外にだって誘惑がたくさんあります。

朝ぼーっとする時間、通勤の間、ごはんを食べるとき、テレビを見ながら、友だちと話しながら、夜寝る前に……いろんな場面で何かをしながら、スマ

ホを見ていることでしょう。
　できるだけ多くの誘惑を同時に満たしたい。
　だから、**ユーザーは「ながら操作」になりがちです。**
　総務省の調査（2016年）を元に大和総研が「ながら操作」についてまとめたところ、1日のうちテレビを見ながらスマホを使っている時間は70分にのぼりました。通勤時の「ながら操作」は48分。夕食時の「ながら操作」は31分、昼食時は28分、朝食時だと22分です。

**この「ながら」は、当然、スマホで**

**読む文章にも影響を与えます。**

まず**「長さ」**。記事はどんどん短縮化、つまり、文字数が少なくなっています。withnews（ウィズニュース）がスタートした2014年は、1本の記事の目安が3000文字と言われていました。ところが、数年経つと2500文字に。最近では1500文字でも長いと言われるほど、短くなっています。

この流れはテキストにかぎりません。

音楽配信サービスのSpotifyでは、イントロが短い曲がランキングの上位に上がりやすいため、アーティスト側もそれに合わせて制作するようになっていると言われています。

それだけ、**わずかな「隙間時間」での勝負が大事**になっているのです。

そして、**「質」**。友だちとやりとりしていたり、好きなタレントの情報を見ていたりするときに、重苦しい内容の文章をクリックしたくなるでしょうか。

そう、**「ながら」にちょうどいい温度感も文章には大切**です。

そもそも、誰かに何かを伝えること自体、考えてみれば相当、わがままな行為です。

多くの人は、書き手の発信する情報がなくても生活はまわっています。

そして、**たいていの人は忙しい。**

仕事や家庭、やりたいこと、趣味を含め、空いている時間は多くない。

**その中で自分が書いたものをユーザーに読んでもらうには、やはりそれに合った工夫や基本技術を身につけないといけません。**

**ユーザーに読んでもらうなら、まず、読まれる「場所」である「スマホ」がどんなところかを知る。**

1章では、スマホで読まれる文章の基本ともいえるテクニックをお伝えしたいと思います。

# オチは早めに言う

何かをしながらスマホを見る、という状況では当然、集中力は落ちてしまいます。

目の前のコンテンツに飽きたユーザーはすぐ離脱しようとします。

でも、せっかく書いた文章なんだから、最後まで読んでほしい。

そこで、「山場となるオチ」をなるべくうしろにもっていく。じらして、じらして、ページをスクロールしてもらおうとする。そんな文章をよく目にします。

一見、正解のように見えます。でも、この工夫、実は必ずしもいい手段とはいえません。露骨に引っ張りすぎると、「もういいや」と、ユーザーはよけいに離脱するからです。

では、どうすればいいのか。

**文章の頭から山場となるオチまでの距離をコンパクトに、文字数を少なくするのです。**

例えば、ｗｉｔｈｎｅｗｓで配信したこちらの記事です。

**「やたら100点取る息子　そのカラクリに『自己肯定感上がりそう！』」（2022年5月10日配信／河原夏季）**

この記事、早々にオチが書かれています。「やたら100点取る」のは、先生が最初から点数を書かず、全部の問題を正解した時点で100点をくれているからだと。**文章開始からオチまでの文字数はたった250文字程度です。だいたいスマホの画面一つにおさまってしまいます。**

タイトルが気になったユーザーはクリックします。しかし、本文が現れてからオチがわかるまで何度もスクロールしなければならないと、離脱の可能性が高くなります。

何スクロールもしないとオチがわからないような仕組みは、ユーザーにとってストレスなのです。親切ではありません。

オチを引き伸ばした揚げ句「なんだそんなことか」と思われてしまうリスクもあります。

それらを回避するため、この記事では「**スマホ画面一つにおさまるくらいの文字数**」**を意識した**のです。

タイトルも同様です。ウェブの記事のタイトルは「すごい○○」のように伏せ字にしたり、「衝撃の結果」という〝隠す表現〟に頼ったりするものが少なくありません。しかし、**核心部分を隠す手法は、ユーザーのストレスになります。**

この記事のタイトルでは、「やたら100点取る息子」という表現でユーザーの関心を引き、そこには当然「カラクリ」があることも同時に伝えています。

一方で、どんなカラクリなのかは本文を読まないとわからないけど、「自己肯定感上がりそう！」というメリットはタイトルに配置。自己肯定感が上がる効果があることはわかる。このように**タイトルの中に核心部分をちゃんと見せています。**

スマホで読んでもらいたいなら、**オチを引き伸ばさない、タイトルで種明かしをしてしまう**ことをおすすめします。

＼まとめ／

オチまでの距離は短く、
スマホ画面一つにおさまるくらいを意識する

●「やたら100点取る息子　そのカラクリに『自己肯定感上がりそう！』」（2022年5月10日配信／河原夏季）より抜粋

文章スタート

「3年生になって、息子はやたら100点を取ってくるようになった」。そうつづられたツイートに注目が集まりました。ただ、100点にはちょっとしたカラクリが。投稿した母親に話を聞きました。

## 答案を見て気付いたことは

話題になったのは、太陽とケイコムーンさん（@amazakeiko）が4月21日に投稿したツイートです。

100点を量産する息子。しかし、答案用紙には何ヶ所か赤ペンの跡が。よくよく見てみると、あることに気付きました。

それは、「はじめに返すときには点数を書かず、全部直し終わったら100点と書いてくれる」採点システムです。

オチはコレ

だいたいスマホ画面一つにおさまるくらい

ツイートには「点数でなく学びを100点にしていくんですね！」「これは良いアイデア！」「自己肯定感上がりそうですね！」といったコメントが寄せられ、「いいね」は4.5万を超えました。

3年生になって、息子はやたら100点を取ってくるようになった。でも答案を見ると、先生の赤ペンが何ヶ所か入っている。なんで100点なんだろうとよく見てみると、はじめに返すときには点数を書かず、全部直し終わったら100点と書いてくれているみたい。初めから100点のときは花丸で囲むシステムのようだ

（太陽とケイコムーン／ 2022年4月21日）

## 学校が始まって2週間…あれ？

太陽とケイコムーンさんが息子の100点に気付いたのは、3年生になり2週間ほどが経ってからのことです。国語のテストが100点で、その後、算数も100点ばかり取ってくる状況に「あれ？」となりました。

全文はコチラ☞

# ユーザーにとって「探しやすい言葉」を使う

スマホの中には、一生かけても読みきれない量のコンテンツが毎日、発信されています。

**探せない情報は存在しないのと同じ**です。

ユーザーが見つけることができなければ、そのコンテンツは、単にデジタル空間に漂っているだけです。

**ユーザーに読んでもらうためには、まず、探しやすくなっていないとダメなのです。**

例えば、「オリンピック」と「五輪」。どちらも同じ意味です。

しかし、**検索の世界では、別の単語と言っていいほど違います。**

Googleが提供している「Google トレンド」(https://trends.google.co.jp/trends/)

というサービスでは、特定の単語がどの期間にどれだけ検索されたかがわかります。北京オリンピック開催中の２０２２年2月6日~12日の期間で二つの単語を比べてみると、「オリンピック」の１００に対して、「五輪」は7しか検索されていませんでした。

だから、スマホで読まれる文章を書きたいなら、「五輪」と書くのではなく「オリンピック」。つい「五輪」と書いてしまう人は、ユーザーに読まれようと思う意識が足りないと言われてもしかたないかもしれません。

**検索に引っかかる言葉を考えることは、単なる数字狙いではなく、ユーザーとつながるためにも大切なことです。**

それを教えてくれるのが、弁護士の鈴木愛子さんがＴｗｉｔｔｅｒに投稿した大事な指摘です（https://twitter.com/ponikitiai/status/1343551301313986565）。

〈コロナ　ローン　払えない
だとコロナ版ローン減免制度出てこないけど
コロナ　ローン　減免

なら弁護士会の関連ページが出てくる
どう検索できるのか、どんな語彙をその人が持っているのかで、見える世界が違う。〉

コロナで収入が減ってローン返済が難しい人への債務を減免する「コロナ版ローン減免制度」。でも、「コロナ　ローン　払えない」と検索してもローンの減免制度を伝える情報は出てこない。「コロナ　ローン　減免」だと弁護士会が用意した減免制度のページが表示されるというのです。

ローンの返済で困っている人の気持ちになってみると、検索ワードに「払えない」を入れるのが自然です。「減免」なんて言葉、なかなか出てきません。

それなのに、「払えない」では肝心の情報にたどり着かなかったのです。

弁護士会が減免制度を紹介する情報を発信すること自体は大切な姿勢です。困っている人を助けたいという思いがあることは伝わってきます。

しかし、**思いがあることと、情報が伝わることは別です。**

「減免」では、本当に減免制度が必要なユーザーには届きにくい。

**「払えない」という言葉があってこそ、ユーザーの目にとまる。**

鈴木さんは「どう検索できるのか、どんな語彙をその人が持っているのかで、見える世界が違う」と述べています。

withnewsでも、記者たちには、そこに気を配ってほしいと強く求めていました。

まず伝えたい情報がある。

そして、**その情報を必要としているユーザーが探しやすくするための言葉・語彙を考える。**

大事にしたのは、ここでした。

＼まとめ／

探せない情報は、存在しないようなもの。

検索されやすい「言葉」を考える

# 読んでほしい人の顔を思い浮かべる

デジタル空間にある情報は膨大です。だから、**ユーザーのニーズに合わせた探しやすい状態にしないといけません**。

ユーザーが検索したときに、自分たちの記事が目立つ場所に現れる。

これを手助けするのが、Googleの検索エンジンで順位を上げるＳＥＯ（Search Engine Optimization＝検索エンジン最適化）施策です。

Googleの検索で最初のページの一番上に表示されることは、黙っていてもビューが期待できる「特等席」が確保されたようなものです。場合によっては、テレビのゴールデンタイムにＣＭを出すのと同じくらいの効果が期待できます。

ビジネスで発信に携わっている人なら、このＳＥＯがとくに重要だと認識している人も多いでしょう。

検索のルールを決めているのはGoogleのアルゴリズムです。でも、ルールの中身はブラックボックスとなっています。アルゴリズムのルールがわかると、「情報の中身」ではなく、「アルゴリズムのことだけを考えた質の悪い情報」が大量に出回ってしまうからです。

だから、あの手この手でGoogleのルールを推測し、検索順位を上げていかなければいけません。

Googleは、膨大な資金とデータを使いながらユーザーと情報の出合いを提供しています。ある意味、Googleのアルゴリズムは、どんな企業よりもユーザー目線に立っているともいえます。

**Googleのアルゴリズムのルールはわからなくても、ユーザー目線を意識することはできます。「ローン　払えない」と入力する人を想像することです。**

ユーザーが見えてこそ、使う言葉や単語がクリアになってきます。

例えば、「介護」をテーマとして発信するとします。

しかし、同じ「介護」といっても、「介護をされる側の高齢者」と、「就職先として選んだ若者」とでは、全然違う世界が広がっています。

そんな介護にまつわる世代間の違いを意識してタイトルを考えた記事があります。

**「26歳介護士ブロガー、月収100万円でも生活費8万3000円の理由」（2019年8月19日配信／浜田陽太郎）**

記事では、介護職以外でも収入を得ながら、自分らしく介護士の仕事を続けるブロガーのことを伝えています。

「介護をされる側の高齢者」ではなく、「就職先として選んだ若者」に向けた記事。だから、「介護士」「月収」「生活費」という、介護を仕事にしようとする人なら使いそうな単語をタイトルに並べています。

**届けたい相手の顔が見えているか。**

**その人の顔を思い浮かべて、どんな単語を使って検索するかを考える。**

デジタル空間では、それが重要なキーになるのです。

まとめ

読んでほしいユーザーの顔を具体的に思い浮かべる。

その人がどんな言葉を使うかを考える

# キーになる単語はタイトルに必ず入れる

待ってるだけで見にきてくれる。それが理想ですが、現実は、そうそううまくいくわけではありません。

……と言いたいところですが、実はあるんです。そんな記事。

ユーザーがわざわざ探してやってきてくれる。膨大なコンテンツをかき分け、たどり着いてくれる。それがこちらの記事です。

**「息子が突然、白目を…トゥレット症、当事者として体験した不安の日々」（2022年5月8日配信／長谷川美怜）**

なぜ、ユーザーがわざわざ探して読みにきてくれたのか。それには理由があります。**タイトルに「トゥレット症」という言葉があったから**です。

この記事、とても多くの人に読まれたのですが、その流入のルートが他の記事と違っていました。**検索で「トゥレット症」を調べた人の割合が多かった**のです。

種明かしをすると、**これは、事前に期待していた結果**でした。

タイトルに入れた「トゥレット症」は、なじみのない人にとっては何のことか想像がつかない言葉です。

そんな単語をなぜ、タイトルに入れたのか。

世の中には「トゥレット症」で検索している人が少なからずいることがわかっていたからです。

SEO施策において、タイトルは重要です。記事の中身をコンパクトに伝える情報であり、それは検索エンジンのアルゴリズムでも重視されていると言われています。「トゥレット症」で調べている人がいるなら、一番、目立つ場所であるタイトルに入れなければいけない。

その単語をはずして「息子が突然、白目を…当事者として体験した不安の日々」というタイトルではダメなのです。

なぜなら、この記事は、**筆者である長谷川さんと同じように我が子の「トゥレット症」に悩む人に向けて書いているから。**

●「息子が突然、白目を…トゥレット症、当事者として体験した不安の日々」（2022年5月8日配信／長谷川美怜）より抜粋

## 息子が突然、白目を…トゥレット症、当事者として体験した不安の日々

タイトルに必ずキーワードを入れる

### 「検索ではダメだ」支え見つけるまで

白目を剥いたり、鼻の下を伸ばしたり……息子が、これまでしなかったような目や顔の動きを頻繁に見せるようになったのは、昨年の秋頃でした。「びっくりするから、やめなさい」。わざとやってるのではないかと思っていた私は、気づくたびに注意していました。情報が少ない中、ネットの情報に頼り、さらに不安が増すことも。自分の息子が「トゥレット症」と診断され、支えを手に入れるまでの日々を振り返ります。（長谷川美怜）

### 突然白目を剥く息子に戸惑い

「びっくりするから、やめなさい」

息子の動作に対して、わざとやってるのではないかと思っていた私は、気づくたびに注意していました。

こんな時にまず頼りにしてしまうのはネット検索です。

「クセ」「鼻の下伸ばす」などのキーワードを入れて検索すると、「大半がしばらくすると消える」「注意しない方がいい」とのアドバイスが並んでいました。

何も言わないようにしよう。そう決めてしばらく過ごしたのですが、逆にチックは大きくなっていき、白目を剥いて顔をゆがませるような動きまで出てきました。

全文はコチラ☞

記事では、新聞記者経験がある長谷川さんが、いざ当事者になると、真偽の定かでないネット情報ばかりに頼ってしまったことを正直に書いています。不安のため、さまざまな情報にあたってしまい、さらに不安が大きくなってしまったことも。**記事を読んでもらいたいユーザーは、まさに、長谷川さんのように、少ない情報の中で右往左往している人たち**でした。

SEOは無味乾燥な技術的な側面が強いと思われがちです。しかし、技術も使い方しだいです。**本当に大事なのは、ユーザーの立場を想像すること。**

子どもを心配して「トゥレット症」と入力して検索している人が今もいる。

その姿を想像してタイトルを考えたことで、ユーザーが自分で探して記事を読みにきてくれたのです。

＼まとめ／

「トゥレット症」に悩むユーザー向けなら「トゥレット症」を必ずタイトルに入れる

# ドキッとする言葉の近くに未知の単語を配置する

タイトルは文字数が限られます。長すぎるとユーザーの頭に入ってこないし、短すぎると記事のよさを伝えられない。

ほどよいバランスを考え、ｗｉｔｈｎｅｗｓでは全角32文字を基本にしています。この32文字の中に、記事の中からどの要素をタイトルとして入れるかを毎回、悩み抜いて決めていました。時に、編集部内で投票をすることもありました。

前項の記事で見ていきましょう。

タイトルは、「息子が突然、白目を…トゥレット症、当事者として体験した不安の日々」。句読点も入れてちょうど32文字です。

「トゥレット症」は6文字分を使っています。32文字の5分の1です。残りの文字数は26文字。この中に引きとなる別の要素の言葉を入れていかなければいけません。

**それが「白目を…」というフレーズ**です。いったい何が起こったのか気になってしまう、それだけでドキッとする単語です。

加えて、「白目を…」のすぐうしろに「トゥレット症」を配置しています。これも意図した並びです。

**ドキッとする言葉の近くに、未知の単語があると、逆に「何のことだろう？」「この子はどうなっちゃうんだろう？」と興味を抱いてもらえるから**です。

「トゥレット症」には「症」という文字が入っているので、なんらかの病気に関係することは伝わります。しかし、詳細はわからない。

**驚かせておいて全部を言うわけではない。**

これはタイトルを考えるうえでの鉄板テクです。

記事の目的は「トゥレット症」に悩んでいる人に読んでもらうことです。

でも、**他のユーザーにも「トゥレット症」に関心をもってほしい**という思いがあります。

そのために必要なのが、**ドキッとする言葉、感情を揺さぶる要素**です。

**ドキッとする言葉と未知の専門用語、2つの言葉を組み合わせる**ことで、「トゥレット症」を知らない人、興味がない人にも関心をもってもらいやすくなります。

**タイトルの文字数は長すぎず、短すぎず。**

そして、その文章の内容を知りたい人はもちろん、興味がない人、さまざまな人にも読んでもらえるよう工夫する。

そんなことを考えながらタイトルをつけるといいでしょう。

＼まとめ／

タイトルは短すぎず長すぎず、「ドキッとする言葉」も入れる

# 伝えたいネタから最も縁遠いものをぶつける

企業の広報やＰＲ、宣伝の立場にいると、自社の新製品について発信する機会が数多くあります。

新製品に使われている最新テクノロジーを紹介する、新製品を活用した先にある未来イメージを提示するなどの伝え方があります。

しかし、それだけでは、もう一歩足りない。ストレートすぎてひねりがありません。

**ひねりがないものは、「ながら」でスマホを見ているユーザーの視界に入ってきません。**スルーされてしまいます。

欲しいのは、「**ハッとさせる要素**」です。

その時、活躍するのが、「**最も縁遠いものをぶつける**」という**手法**です。

例えば、電子マネー「ＰａｙＰａｙ」について取り上げた記事。

**『ＰａｙＰａｙ』の営業に１日密着　地方で見たキャッシュレス最前線」（２０２０年２月１日配信／和田翔太）**

「最新のテクノロジー」と接点がなさそうな「地方」が、実は、電子マネーの最前線だったという内容になっています。

記事では、ＰａｙＰａｙの導入店を広げる仕事をする営業の人が、静岡県内の飲食店をまわる1日を描いています。

「現金のみ」のイメージが強い地方で、担当者はどうやってＰａｙＰａｙのよさを理解してもらい、お店の人に導入を決心させるのか。店の外観から当たりをつけ、同じ店に何度も通って理解を得るという、地道な努力を伝えています。

記事が配信されるとＳＮＳで反響を呼び、たくさんのコメントが寄せられました。

電子マネーに関わるＩＴ企業の拠点は、ほとんどが東京です。必然的に東京での話題が多くなります。

もちろん、最先端の情報を追いかけることは大事なのですが、そのまま伝えても十分な効果は発揮できません。**どのコンテンツも似通ったものになってしまうから**です。

それが、「**地方**」を絡めることで一変します。「最先端」のイメージがない「地方」

だからこそ、電子マネーのもつ新しさ、現金との違いが際立ちます。

こうした「最も縁遠いものをぶつける」作戦は、こちらの記事でも効果を発揮してくれました。

**「おじさんの心に芽生えた『美少女』　VRがもたらす、もう一つの未来」（2018年3月29日配信／丹治吉順）という記事です。**

VR（バーチャルリアリティ）は、デジタルに詳しい若い世代が使うものという固定観念があるかもしれません。

**そこで、登場するのが「おじさん」です。**

記事では、VR上で美少女になってしまった50代の男性を直撃。識者のコメントを交えながら、VRが今後、社会にとってどのような存在になるのかを考察しています。

さらに、「平安時代」に紀貫之が女性を装って書いた「土佐日記」にも触れています。これもまた、**VRとの意外な組み合わせ**になります。

若い世代がVRの世界にはまっていることを取り上げても、違和感はありません。あるいは、SF小説にVRが登場するのも普通でしょう。

このように、**相性が良すぎる要素の組み合わせは、ユーザーのアンテナに引っかからない。**

VRに「おじさん」や「平安時代」の文学をぶつけることで、最新のテクノロジーの実像をあぶり出しているのです。

大事なのは、ストレートに伝えないこと。

**最も縁遠いものをぶつける。**

**違和感のある要素を組み合わせる。**

ユーザーは、ありがちな構図に飽き飽きしています。

テーマを選ぶ段階で、「お、これは、なかなかきれいなつながりだな」と思ったら、むしろ立ち止まったほうがいいかもしれません。

そして、もう一度、発想の転換をしてみることをおすすめします。

＼まとめ／

相性が良い要素を組み合わせない。
違和感のある要素をぶつけてみる

# 伝えたいことは、あえてはじめに書かない

会社の広報担当なら、自分たちの理念やSDGs・環境問題への取り組みは、コーポレートサイトに不可欠な情報として発信する機会があるでしょう。

でも、みんなが読みたいと思ってくれるコンテンツかというと……悩ましい。

**スマホで気軽に読むには真面目すぎる。重すぎる。**

**スマホの「ながら」で読む温度感として「ちょうどいい」とは言いがたいのです。**

この悩み、新聞社の記事も同じです。

例えば、東日本大震災について伝えたいことがある。10年という節目の時期。そのとき、どんな書き出しにすればいいでしょうか。

「東日本大震災から10年経った」

これではユーザーに読んでもらえません。

## 震災を伝えたいなら、まず、震災と書いてはダメなんです。

ユーザーの立場になってみてください。震災のこと、普段から気にしていますか？いつも被災地のことを考えていますか？

違いますよね。震災という文字が入った時点で、多くのユーザーは、大事なことだとわかりつつも無言でページを離れてしまう。

たいていのニュースサイトにはアクセスランキングというコーナーがあり、今、読まれている記事のタイトルが並んでいます。上位にいるのは、だいたい、その時、注目されているタレントの話題。そして、スポーツ。たまに、世間を騒がせた事件の続報です。

ニュースといっても、政治や国際問題がランクインすることはまずありません。考えてみれば当たり前です。仕事や日々の生活で忙しいなか、わざわざ難しい話を読む余裕なんてないからです。

それでも、真面目なテーマを発信しなければいけない時があります。

震災という言葉を使わず、震災を伝える。

そのことを意識して、私が書いた記事があります。

**「10年前に〝吐き気〟をおさえながら更新した『新幹線の文字ニュース』」（2021年3月9日配信／奥山晶二郎）**

**気をつけたのは書き出しです。**記事は、「JR東日本が新幹線などの車内で流れる『文字ニュース』を終了すると発表しました」という文章から始まります。

本当に伝えたいことは、「東日本大震災から10年」です。

しかし10年という節目の年であっても、現実には記憶の風化が進み、東日本大震災を身近に感じられていない状況でもありました。

でも大事なことだし、思い出してほしい、忘れないでほしい。

だから、**「新幹線の文字ニュースの終了」という時事ネタからスタートさせました。**

**誰もが想像できる身近なネタから書き出すことで、ユーザーとつながるための足がかりを作ろうとした**のです。

実は私は、かつて仕事で「新幹線の文字ニュース」に関わっており、さらには震災当日、文字ニュースで死者・行方不明者の人数を更新し続けた担当者でした。

「文字ニュースの終了」から、自分の実体験につなげ、そして「東日本大震災から10年の節目」という話に広げたのです。

●「10年前に〝吐き気〟をおさえながら更新した『新幹線の文字ニュース』」（2021年3月9日配信／奥山晶二郎）より抜粋

書き出しは文字ニュースの終了から

JR東日本が新幹線などの車内で流れる「文字ニュース」を終了すると発表しました。スマホで乗客が自分でニュースを見ることができるようになり、その役割を終えたと判断したそうです。昨年はJR東海も東海道新幹線で「文字ニュース」を終了しています。30年あまりにわたって新幹線の乗客に、押しつけでもない、それでいてささやかな気づきを提供してきたサービス。10年前、私は、吐き気をおさえながら、この「文字ニュース」のために数字を打ち込み続けていました。

タイトルにも入れた要素

## 余震で電線が揺れていた

その日は遅めの昼食をすませ、夜勤のため会社に行く準備をしているところでした。

ここから、本当に「伝えたい」東日本大震災を書く

2011年3月11日午後2時46分、都内の自宅マンションも大きく揺れ、倒れた家具や本で部屋の中は歩くのもやっとの状態でした。

急いで外に出て、普段、使う地下鉄には乗らず自転車で会社に向かいました。

途中、八重洲通りの交差点では、ビルから落下するガラス片から逃れるため、多くの人が中央分離帯に集まっていました。

余震で電線が揺れるのを見ながら、会社にたどりつき、そこで担当したのが「文字ニュース」の更新でした。

## 手を止めて見入った中継

当時、私は朝日新聞デジタルの前身である「asahi.com」の編集部にいました。

全文はコチラ☞

**伝えたいことを後回しにして、ユーザーが気になる要素を先にもってくる。**

ユーザーも、東日本大震災のテーマが大事とは思っています。でも、**大事であることと、読みたいことには大きな違いがある**のです。

余談ですがタイトルに入れた「吐き気」という単語もポイントです。46ページでもお話ししたように、タイトルに「ドキッとする言葉」を置いたのです。

「新幹線ニュース」と「吐き気」にどんな関係があるんだろう？　二つが並ぶことで、そう思わせることができます。

＼まとめ／

大事なことと読みたいことは別。

「伝えたい」よりユーザーの「読みたい」を先にする

# 配信時間をずらす。なんなら曜日にもこだわる

ウェブ記事において、配信時間は重要です。Twitterのトレンドワードは、1分1秒で変わっていきますし、大きな出来事があると速報という形でニュースが飛び込んできます。

しかし、**早ければいいってものじゃない**。

ウェブは世の中の流行を把握しておかなければいけない厳しい世界なのですが、だからといって、常に最新状況に合わせるべきかというと、そうとも言いきれません。

**あえて「配信時間を遅らせる」ことで成功した記事があります。**

**「渡辺謙、自殺も考えた絶望の日々　阪神大震災で目覚めた『生』」（2015年6月13日配信）**

記事を出すきっかけになったのは、アメリカ演劇界最高の栄誉といわれるトニー賞

です。記事の冒頭、トニー賞にノミネートされた渡辺さんが、惜しくも受賞を逃したことが触れられています。

実はこの記事、**受賞を逃したことがわかってから6日後にあえて配信**しています。それでもたくさんの人に読まれました。

**「配信時間を遅らせる」ことが、逆に強みになった**からです。

トニー賞の結果が判明する日付は事前にわかっていて、6月8日（現地時間7日）に発表されることになっていました。

そのため、日本の各メディアは、受賞した場合に備えて準備をしていました。6月8日に結果が判明すると、即座に「トニー賞逃す」と伝えました。

もちろん、「トニー賞逃す」も、それなりのニュースです。ｗｉｔｈｎｅｗｓも、やろうと思えば、受賞した場合と逃した場合の原稿をあらかじめ準備しておき、結果発表と同時にどちらかを即時配信することはできました。

しかし私は、その選択肢をとりませんでした。なぜなら、「トニー賞逃す」という内容だけで勝負しても、多くのメディアが同じニュースを発信する中では埋もれてしまう可能性が高かったからです。

そこで、渡辺さんの経歴と横顔という別の切り口のほうが有効だと考えました。渡辺さんの半生を伝えるのです。

急性骨髄性白血病という大病を患った経験、阪神大震災を経て考えた「生」の意味。そして、熱狂的な阪神ファンであるプライベートの横顔も紹介しています。

**さらにもう一つ、こだわったのが配信する「曜日」**です。

トニー賞発表日の6月8日は月曜日です。週のはじめに「トニー賞逃す」というニュースが出ていたことになります。

週のはじめというのは、世の中が動き出すタイミングでニュース自体が少ない時期になります。そのため、「トニー賞逃す」への注目度が相対的に高まります。

つまり、その週は「トニー賞逃す」が世の中で話題になりやすかったといえます。

そのうえで、withnewsの記事は**6月13日の土曜を狙って出しました**。わざわざ遅く出したのは、**「トニー賞逃す」における関心の第2波がくると予想したから**です。

1週間にあった出来事を振り返る企画は、テレビ番組の定番コーナーとしてあります。それと同じ需要が、デジタル空間でもあるとにらんだのです。
**落ち着いて記事を読むであろう休日の土曜日に、別の角度で取り上げた記事を出す。**

「そういえば、今週、よく耳にした渡辺謙さんってどういう俳優だったんだっけ?」
という関心を見越して配信しました。

結果、記事は拡散し、多くの人に読んでもらえることができました。
この方式は、エンタメにかぎらずさまざまなテーマに応用できます。
**「早さ」が重視されるからこそ、「遅らせる」ことに効果が出るのです。**

＼まとめ／

「早い」だけが読まれる理由じゃない。
読まれる「曜日」も考え、配信を遅らせる

## プラットフォームが違えば読まれる文章も違う

もう一つ「**配信時間をずらす**」**ことが効果を発揮した事例**をご紹介しましょう。

「**下から読むと意味がひっくり返る！　そごう・西武の正月広告が話題に**」（**2020年1月7日配信／若松真平**）

記事では、1月1日に掲載された新聞広告を紹介しています。

そごう・西武の正月広告で、11行のメッセージを下から1行ずつ読むと正反対の意味になるというものでした（63ページ参照）。

順に読むと、お正月らしくないネガティブな内容が、下から読むと、ポジティブな内容になるという仕掛けです。

この新聞広告は、瞬く間にSNSで話題になりました。関連するツイートは膨大で、多くの人が話題にしていました。

これは、早く取り上げないと賞味期限切れになると思わせる状況でした。

ところが、**記事が配信されたのは、1週間後の1月7日**。けっして、書き手の若松さんの仕事が遅かったわけではありません。理由は、単純に取材先の「正月休み」です。

では1月7日にようやく配信できた結果、読まれ方はどうだったか。

これが、**予想を上回る数字を獲得した**のです。

記事は主にYahoo!ニュースで拡散しました。そこで、Yahoo!ニュースのコメント欄を見てみると、投稿者のほとんどが、この新聞広告の存在を初めて知った人だったのです。

**Twitterであれほど話題になっていたのに、「初めて知った」人ばかり。**

なぜ、そんなことが起きたのか。

考えられるのは、**デジタル空間では、普段使うサービスや関心によって、ユーザーは住み分けされている**ということです。

**Twitterで話題にする人は、自分の関心がある分野に関しては最新の情報に**

●「下から読むと意味がひっくり返る！　そごう・西武の正月広告が話題に」（2020年1月7日配信／若松真平）より抜粋

元日の朝日新聞などに掲載された、そごう・西武の全面広告「さ、ひっくり返そう。」。

中央部分に炎鵬関の写真が小さくあって、その上にはこんな文章がつづられています。

大逆転は、起こりうる。
わたしは、その言葉を信じない。
どうせ奇跡なんて起こらない。
それでも人々は無責任に言うだろう。
小さな者でも大きな相手に立ち向かえ。
誰とも違う発想や工夫を駆使して闘え。
今こそ自分を貫くときだ。
しかし、そんな考え方は馬鹿げている。
勝ち目のない勝負はあきらめるのが賢明だ。
わたしはただ、為す術もなく押し込まれる。
土俵際、もはや絶体絶命。

## 一行ずつ逆さに読むと

そのまま読むとネガティブな文章ですが、その下にはこう書かれています。

「ここまで読んでくださったあなたへ。文章を下から上へ、一行ずつ読んでみてください。逆転劇が始まります」

全文はコチラ☞

**敏感**です。フォロワーのネットワークから、自分用にカスタマイズされた情報が届く環境の中にいます。

**対するYahoo!ニュースを使う人は、世の中全般に関心がある層**だといえます。Yahoo!ニュースというフィルターはかかっていますが、広くいろんな角度から情報を受け取っています。

このように同じデジタル空間でも、置かれている情報流通の環境が違えば、ニュースに対する受け止め方も変わってきます。

**Twitterのユーザーは「もう知っている」ものでも、Yahoo!ニュースのユーザーは「新しい」と驚いてくれる**のです。

一部で話題になっていて、**「もう古いかな」と思っていても、そこでボツにしない**。少しくらいタイムラグがあったとしても、別のサービスやSNSなら、知られてないことかもしれないのです。

自分のスマホの中で得ている情報が、世の中のすべてだと思い込んでしまうことは、情報を発信する側にも起こりえます。

しかし、Ｔｗｉｔｔｅｒ一つとっても、異なるユーザーに同じ情報が同じタイミングで流れてくるなんてことはめったに起こりません。

ＴｗｉｔｔｅｒとＦａｃｅｂｏｏｋといった異なるプラットフォームなら、なおさらです。

**スマホごとに異なるデジタル空間が生まれている。**

そのことを忘れないようにしなければいけません。

＼まとめ／

Ｔｗｉｔｔｅｒで話題になっていて、「もうこのネタ古いかな」と思ってもボツにしない

# 2章

# 「身近感」「自分ごと化」で読まれる

# たくさん読まれて、心に響く文章を書く

**読まれないより読まれたほうがいい。**

多くの人の目に触れることだけが正解ではありませんが、仕事でPRや発信に関わる以上、読まれなければいけないという現実的な問題は、どうしても出てきます。

1章では、膨大なデジタル空間の海で「目にとまる」「クリックして読んでもらう」「拡散する」工夫についてお伝えしました。2章は、同じ「読まれる」でも、「たくさん読まれる、なおかつ心に響く」工夫についてお話しします。

「読まれる文章」にも「読まれない文章」にも、理由があります。

面白いことに、大きな出来事を取り上げた記事でも、まったく読まれない

ことはよくあります。

逆に、最初は誰が読むんだろうと思った記事が、じわじわ話題になることも。

何が両者を分けるのか。

8年にわたるメディア運営のなかで気づいたのが「**身近感**」です。

普段どおりの日常。書き手の等身大の喜怒哀楽。ささいな疑問。ふと気になった街の風景。

**全部、普通。**

**でも、それが、逆に強さになるのです。**

一般的に、デジタル空間は、有名タ

レントにまつわるものや、大事件、大事故の最新ニュースに関心が集まりがちです。

同時に、そのような話題はあらゆるメディア、たくさんのユーザーがこぞって取り上げるので、すぐに飽和状態になってしまいます。

**ネタ自体は一緒だから、それだけでは勝負できない。**

結果、ユーザーに振り向いてもらうため、より過激なタイトルが出回るようになります。再生回数を上げようとする迷惑系と呼ばれるYouTuberがわかりやすい例かと思います。

しかし、これだと「目にとまる」かもしれないが、ユーザーにちゃんと読んでもらえるかどうかはあやしい。

ましてや心に響くものにはなりづらい。

**「読まれる」というのは、そのコンテンツがユーザーにとって「なんか、わかる」「面白そうだ」「これは、自分のことだ」になること。**

**「他人ごと」から「自分ごと」になってもらうことが大切**です。

発信する文章に、ユーザーとの接点はあるか。

ユーザーに「身近感」をもってもらえる話なのか。

「読まれたい」けど「数字だけ追う」のはちょっと違う。

やっぱり「きちんと読まれて、ユーザーの心に響く文章」を書きたい。

2章では、「たくさん読まれたうえで心に響く」ための工夫や、ネタ探しの方法についてお教えします。

# 主役を「新商品」から「人」にずらす

商品紹介は悩ましい。資料のプレスリリースを元にそのまま記事にしても、ユーザーはなかなかクリックしてくれません。

それは、ｗｉｔｈｎｅｗｓでも同じでした。

試行錯誤のなかで見つけたのが「主役をずらす」という手法です。

**商品紹介なのに、「商品そのものは主役にしない」**のです。

**「もも味・バナナ味ポテトチップス『ライバルはLINE』湖池屋の戦略」（2015年6月3日配信／奥山晶二郎）**

この記事は、湖池屋がもも味とバナナ味というユニークなポテトチップスを発売したことを伝えています。

ユニークな味の商品が新発売される。それだけでも読まれそうですが、実は、こういうパターンのほうが難しいのです。

あきらかに話題になりそうな情報の場合、それを取り上げるメディアや一般のユーザーも多くなります。結果、似たようなコンテンツが大量発生。せっかく手間暇かけた自分たちの記事が、プレスリリースの内容そのままのようなコンテンツの中で埋もれてしまうのです。

そこで、ｗｉｔｈｎｅｗｓでは**「商品」そのものではなく、「開発者」に主役をずらしました**。

記事では、変わった味の商品が世に出るまでのプロセス、そこでの気づきなど、次のようなことを開発者の言葉を通して紹介しています。

・商品開発の背景には、「若者のお菓子離れ」という深刻な問題意識があった
・湖池屋は、お菓子を通じたコミュニケーションを大事にしている
・「会話のきっかけ」がお菓子の価値ならば、他社のお菓子だけではなく、ＬＩＮＥのスタンプもライバルになる

こうした担当者の思いを書くことで、単なる新商品の紹介にとどまらないコンテンツに生まれ変わります。

顧客の高齢化や趣味趣向の多様化は、あらゆる業界で起きている課題です。

それに向き合う担当者の言葉は、**お菓子に関心がない読者でも、共感を示してくれるはず**です。


**商品をアピールしたいなら、主役を「人」にずらす。**

**そして、「人」の悩みや感情の中で、共感してもらえそうな内容を文章にする。**

それだけで、ちょっと違った「読まれる」文章になるのです。

＼まとめ／

主役を「人」にしてみる。

そして、共感してもらえそうなことを書く

●「もも味・バナナ味ポテトチップス『ライバルはLINE』湖池屋の戦略」（2015年6月3日配信／奥山晶二郎）より抜粋

湖池屋によると、スナック菓子のユーザーは年々、高齢化が進んでいます。以前は、上の年代はおせんべい、若者はスナック菓子という区分けが出来ていたそうです。ところが今は、小さいころにスナックで育った40歳から50歳がスナック菓子のメインユーザーに。一方の若者は、お菓子も一人で食べる孤食化が進み、健康志向も強まり、そこに趣味趣向の多様化などが重なり、スナック菓子離れが進んでいるそうです。

**いろんな業界で起きている課題**

「そして、今や、ライバルはLINEなんです」と江口さんは強調します。若者にとって大事なのはコミュニケーションツール、つまり、話題になっているもの、ネタにできるものです。スナック菓子にとっては、コンビニのレジ前のドーナツと同じくらい、手頃な値段のLINEスタンプは競合品になっています。

芸能人のゆるキャラや、膨大なアマチュアクリエーターから繰り出される個性的なLINEスタンプに勝てる商品は何か。江口さんは「行き着いたのが、ポテチで朝食という突っ込みどころ満載のコンセプトでした」と言います。

## パッケージにも秘密が

反響は想像以上でした。発表と同時にネットメディアが記事化。ツイッターでは「本気で言ってるのか？」や「・。・っ」などの声があふれました。「でも『ちゃんとおいしい』というレベルの味にはこだわっています…そこは老舗としてのプライドをかけて追求しました」と江口さん。

**担当者の思いを書く**

全文はコチラ☞

# 主役をもっと「大きいテーマ」にする

プレスリリースは、なぜ読まれないか。
それは、**ユーザーが「私に関係あるの？」と思ってしまうから**です。
プレスリリースに書かれた情報を知らなくても、ユーザーは、おそらく困らない。
それなのに、企業側が「届けたいものを届ける」だけの情報になっている。
だからプレスリリースは他人ごとになってしまうのです。

そんなプレスリリースの内容に、ひと工夫加えたことで、たくさん読まれた記事があります。

**「高齢者の運転、本当に危ない？　拡散しやすい〝わかりやすいイメージ〟」（2022年6月27日配信／奥山晶二郎）**

記事で取り上げたのは、高齢者の運転にまつわる〝意外な事実〟です。それは、タクシーアプリ「GO」を通じて蓄えられた膨大なデータからわかったものでした。「脇見」「後退時後方不確認」といった特定の危険運転では、高齢ドライバーより若いドライバーの発生率が高かったのです。

調査をしたのは、タクシーアプリ「GO」の開発に携わっている会社「Mobility Technologies」。しかし、「GO」の話から入ると、ユーザーは宣伝のように感じてそっぽを向いてしまいます。

さらに、取り上げるにあたって気がかりなことがありました。高齢者の交通事故を扱う記事は、ネガティブな反応を集めやすいのです。

Yahoo!ニュースのような多く人の目に触れる場は、「高齢者の運転は迷惑」といったネガティブなコメントで占められがちです。事故にはそれぞれ固有の原因や背景があるはずなのに。

しかし、**その心配が記事の切り口を考えるうえでのヒント**になりました。

**記事のテーマを「誤ったイメージの独り歩き」という多くの人に共感を得やすいも**

**のに〝ずらした〟**のです。

「誤ったイメージの独り歩き」とは、例えば殺人のような「凶悪事件」です。統計的には凶悪事件が減っているのにもかかわらず、不安を抱いている人が多いのが実態です。

さらに、「ネット右翼」。過激な主張を繰り返すいわゆる「ネトウヨ」と呼ばれる人たちです。ネット利用者全体の1％弱に過ぎないのに、実態より大きな存在として見られています。

この「凶悪事件」や「ネット右翼」のように、「高齢者の運転」も、誤ったイメージが独り歩きしているのではないか。記事の方向性を、そういう形でまとめたのです。

記事では、「Mobility Technologies」の調査担当者の「ニュースで取り上げられやすいこともあり、高齢者の運転が危険というイメージは、自分自身にもあった」という率直な声も紹介しています。

「高齢者の運転は迷惑」と思っている人たちに、「すべてが迷惑ではない。危険ではない運転の種類もあるよ」と伝えたところで、どうしてもネガティブな反応は生まれてしまいます。

でも、「高齢者の運転は危険」って本当？　「凶悪事件」や「ネット右翼」のように「誤ったイメージの独り歩き」になってない？　という内容の文章ならどうでしょう。

**「あ、他人ごとじゃないかも」と思ってもらえるのではないでしょうか。**

「高齢者の運転の調査」をストレートに書かない。

「凶悪事件」や「ネット右翼」のように「誤ったイメージの独り歩き」という自分ごとにしやすいテーマで書く。

プレスリリースの内容そのものを書くのではなく、**「テーマ」を広く、大きくずらしてみる。**

それだけで、ちゃんと読まれて、ちょっと違う価値を生み出す文章になるのです。

＼まとめ／

**ストレートに書かずに、「自分ごとにしやすいテーマ」にまで広げる**

# 発想を変えて「古いもの」に目を向けてみる

企業の広報や宣伝の仕事は、自社の商品を世の中に広めることです。その多くが「新商品」に関する発信です。

一方、デジタル空間は、「新しい出来事」であふれかえっています。つまり、**「新しいのが当たり前」**なのです。

そこで、**発想を変えて自社の中にある「古いもの」に目を向けてみてはどうでしょう。**

新しさはないけれど、地道に続けてきたこだわりや技術。それらは、どんな企業にもあるものです。

誰もが知る井村屋の「あずきバー」の秘密に迫った記事が、まさにそれに当たります。

●「『あずきバー』なぜ固い？　井村屋が明かす3つの理由『昔より固い』」（2016年12月4日配信／若松真平）より抜粋

そんなあずきバーですが、実は昔と比べると固くなっています。その理由について、井村屋グループ経営戦略部の担当者は、こう説明します。

「昔と比べて甘さが求められなくなり、甘さを抑えた結果、水分量が増えたんです。その水分が氷になる割合が増え、以前と比べると固くなったんです」

**昔より固い理由**

ただし、甘さを抑えたことだけが固さの理由ではないといいます。その秘密は以下の3つだそうです。

・乳化剤や安定剤といった添加物を使用していない
・乳固形分が入っていない
・空気の含有量が少ない

**製品へのこだわり**

**「ぜんざいをそのままアイスに」**

もともと「ぜんざいをそのままアイスにする」という発想で作られているため、原材料は小豆・砂糖・コーンスターチ・塩・水あめの5種類のみで、乳製品や添加物を使っていません。

シンプルな原料で作ることにこだわり、素材をぎっしり詰め込んだ結果、空気の泡が少なくなって固くなっているんだそうです。

「あえて固くしているわけではなく、安心・安全を追求した結果、そうなっているんです」と担当者は話します。

**新しい情報ではないけれど**
**結果的に効果的なPRになっている**

全文はコチラ☞

**「『あずきバー』なぜ固い？　井村屋が明かす3つの理由『昔より固い』」（2016年12月4日配信／若松真平）**

ロングセラー商品「あずきバー」の知られざるエピソードを、井村屋に聞いています。固さの理由について説明する中で、添加物を入れていなかったり、材料を厳選していたり、製品へのこだわりを伝えています。

これらは、新しい情報ではありません。でも、コンテンツとして多くの人が楽しめる内容です。全然、新着情報ではないけれど、結果的に商品の効果的なプロモーションにつながったといえるでしょう。

同じように、豊島屋「鳩サブレー」の個包装の工夫について書いた記事があります。

**「鳩サブレー『ひと手間』で割れにくく　個包装のしっぽ付近に仕掛けが」（2019年9月11日配信／若松真平）**

包装の右下、鳩の尻尾付近だけ包みがくっついていることで「鳩サブレー」が動きにくくなり、割れるのを防いでいたというトリビアになっています。

実はこの工夫、25年前に工場長だった現社長が機械メーカーの担当者と一緒に考えたものでした。こんなところからも、お菓子メーカーとして品質にこだわる姿勢が伝わってきます。

「あずきバー」や「鳩サブレー」の記事は、ネットで話題になっていたのを見つけて取材をしています。実際に話を聞くと、Ｔｗｉｔｔｅｒでの盛り上がりからはわからなかった別のエピソードも出てきました。

しかし、それらのエピソードがもつ魅力について、企業の担当者は認識していませんでした。企業の中にいると〝自分たちの地道な活動〟は、ある意味、これまでと同じことをしているだけとも言えるため、その面白さに気づきにくいのでしょう。

しかし、一歩外に出れば、**一つの製品にかけるこだわりや思いは、十分、魅力的なコンテンツ**になります。

Ｔｗｉｔｔｅｒで話題になるのは、その中のごく一部にすぎません。**企業の中には、まだまだ〝お宝〟が眠っているはず。だったら自分たちでコンテンツ化してしまってもいいんじゃないでしょうか。**

社内にいる熟練の職人、珍しい働き方をしている人、変わった経歴をもっている人。それぞれの立場から、自社についての思いを語ってもらうのもいいでしょう。

その際、気をつけたいのは**自社の思いだけで終わらせない**ことです。先ほどの記事がコンテンツとして成立しているのは、「**社会との接点**」があるからです。

「あずきバー」の記事からは、**消費者の味の変化を敏感に察知し、品質向上につなげるお菓子メーカーとしてのこだわり**が浮かび上がります。

「鳩サブレー」の社長のエピソードは、**仕事へのひたむきな姿勢**を感じさせます。

いずれもその価値は、**物作りの現場すべてに共通しているもの**です。

新しいものに飛びつくことだけが正解ではない。

**古いものの中にある、普遍的で共感を得やすいものに目を向ける。**

「商品に対するこだわり」「ひたむきな姿勢」、普通の良さに気づく。

「**古いものの中にある良さ**」は、放っておくのがもったいない財産だといえます。

＼まとめ／

あえて「古いもの」に目を向ける。
その際は「社会との接点」も忘れない

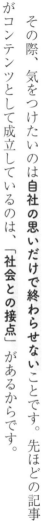

# 親しみやすい「地元ネタ」は鉄板で読まれる

全国各地にある、その土地ならではの習慣や行事を紹介するテレビの人気バラエティー番組に「秘密のケンミンSHOW」があります。

地元ネタのように、今も残っている風習やローカル商品は他県の人から見ると珍しく、コンテンツとしての強さがあります。また、出身者にとっては取り上げられることで郷土愛をくすぐられ、思わず引き寄せられてしまいます。

デジタル空間においても、それは同じです。

**地元ネタは「読まれる」**のです。とくに、コンテンツの親しみやすさや、ユーザーからのリアクションを引き出したいとき、地元ネタは効果を発揮してくれます。

例えば、福井の高校生が乗る自転車のサドルが低いことに気づいた記者が、その理由を探るという記事。

**「サドル低すぎ！福井の高校生『謎ルール』　おしゃれ？悪ぶってる？」（2016年11月26日配信／影山遼）**

福井に転勤した影山さんが、普段の生活の中で、ふと気になったのをきっかけに取材を始めました。

記事は、SNSで「ほほえましい記事」「石垣島もサドルが低かった」など、明るい話題として注目を集めることができました。

**地元ネタには、「珍しさ」と「地続き感」が同居しています。**

まず「珍しさ」について。

この地元ネタ、いざ探そうとすると、けっこう難しい。**地元ネタを知っている地元民にとって、地元ネタは日常すぎるからです。**日常なのでそれを面白がるという発想が生まれない。一方で、地元民以外は、そもそものネタを知らない。

つまり、地元ネタは、わざわざ検索される機会が、ほぼ、ない。結果、**地元ネタは常に「珍しい」状態を保っている**といえます。

珍しさから「おやっ」と思わせられたら、コンテンツの中身を読んでもらえます。

さらに、**地元ネタには「地続き感」があります。**

例えば、アマゾンの奥地で暮らす少数民族のあいさつをそのまま取り上げても、大多数の日本人には関係なさすぎて「はあ……それで？」となってしまいます。

でも、それが北関東のある集落だけで続けられている謎のジェスチャーだったらどうでしょう。イメージがわくけど詳細はわからないのですごく気になります。

この絶妙な距離感を確保できるのが「地元ネタ」なのです。

地方は、当たり前ですが日本です。同じ日本なので、言葉はもちろん、衣食住といった場面での大きな価値観や習慣は共有できます。

東京の港区民と小笠原諸島の島民であっても、アマゾンの少数民族よりは格段に共通点は多いでしょう。

一方、細かい風習では違いが出てきます。この**「地続きの異世界」という距離感が大事**なのです。

＼まとめ／

**珍しいけど、地続き感がある「地元ネタ」は明るく盛り上がることができる**

# 「閉店」は最強コンテンツ

デジタル空間では、新しくできたお店や、コンビニスイーツの新商品など、もっぱら何かがスタートする話題で埋め尽くされています。

思わず自分も行ってみたい、体験してみたいと思う参加感が得られるためビューを集めやすいのですが、もっと強いコンテンツがあります。

それは、**「閉店」**です。

長年、地域で親しまれてきたお店が姿を消す。そこには、**これまでのお客さんとの付き合いや、築きあげてきた歴史が、総決算される形で出現します。**

閉店というのは、同情されることはあっても攻撃されることはありません。閉店に追い込んでしまったということで、ユーザー側が反省の言葉を寄せてくれるような流れまで生まれることもあります。

**何より会話が盛り上がります。**新旧のお客同士の思い出、同世代で共有した出来事などが、コメントとして寄せられます。土台にあるのは感謝の気持ちです。

マクドナルドの店舗が閉店する際に貼られるポスターについて記事にしたところ、大きな反響がありました。

**「後ろ姿で手を振るドナルド…マック閉店ポスターが『切ない』と話題に」（2015年11月20日配信／若松真平）**

ファストフード業界は出店と閉店を繰り返しています。毎年、100店以上が閉店するというマクドナルドでは閉店の際、ドナルドが後ろ姿で手を振っているデザインのポスターを貼り出していました。

記事では、その姿に込められた「また近隣の店舗でお会いできるのを楽しみにしております」というメッセージも紹介しています。閉店という厳しい現実と切ないポスターの組み合わせは、悲しさと感謝が混じったさまざまな感情を呼び起こす結果となりました。

マクドナルドのような世界的グローバル企業ではない店でも、閉店の強さは実証されています。

例えば、静岡市にある戸田書店静岡本店の心温まるエピソードです。

**「通い慣れた書店『最後の日』そっと置いたレモンが生んだ『奇跡』」（2020年9月20日配信／広瀬萌恵）**

記事に書かれているのは、閉店の日、梶井基次郎の代表作『檸檬』にならって、本の上にレモンを置いた15歳の女子高生のこと。「迷惑ではないか」と悩んだ女子高生でしたが、お店のTwitterが「いつの間に。素敵なお客様がご来店されたようです」と投稿しました。

さらに、レモンが置かれていた小説『熱源』の作者、川越宗一さんから「書店さまとお客さまの素敵な交流のお写真、心が洗われるような思いで拝見し、またなんだかとても光栄でした」という返信まであったのです。書店が地域に果たしてきた役割とともに、読書の大切さを伝える内容になっており、よく読まれました。

もう一つ、「閉店」の成功した例を挙げましょう。

**「『なくなるョ！全員集合』スペースワールド、閉園なのにポジティブ」（2017年3月22日配信／若松真平）**

北九州市にあった遊園地スペースワールド閉園の記事です。

「なくなるョ！全員集合」の声に合わせて従業員たちが一斉に拳を突き上げるCMが

話題となっていたことをフックに、記事ではスペースワールドの歴史やこのＣＭに込められた思いなどを紹介しています。

地元の人にとって子どもの頃の思い出であり、青春時代を過ごした場所でもある遊園地。その最後の日を前に、たくさんの人のかけがえのない記憶を呼び覚ますきっかけとなりました。

このように、何かをやめる決断のタイミングは、企業やお店、人としての姿勢が端的に表れる場だと言えます。

**事業の終了は、ネガティブ情報だからＮＧと思わず、これまで愛してくれた人への感謝を伝える機会と考えれば、何ものにも代え難いコンテンツにできます。**

**売れない商品、なくなる店舗など、「閉店」系はあなどれない**のです。

まとめ

「閉店」は強いコンテンツ。

ネガティブだからといってＮＧではない

# 「普通の人の普通の1日」をコンテンツにしてしまう

**更新するネタがない。**企業の広報担当や、個人でブログを運営する人まで、所属や場面を問わずよく相談されることです。

たしかに、ニュースになるような話題はめったに起こりません。だからこそ、ニュースになるといえます。

一方で、普段の企業の活動や個人の暮らしには、そんなに大きな出来事は起こりませんし、起こらないほうがむしろ幸せです。

こんな時、発想の転換をすすめることがあります。

大きな出来事にしか価値がないのは本当でしょうか？

実は、伝え方を工夫すれば、**普通の人の普通の生活は、十分、読み応えのあるコンテンツになる**のです。例えば、こちらの記事。

**「靴修理屋さんって何してるの？　密着してみたらマッキーに泣かされた」（2018年2月2日配信／野口みな子）**

通勤中にいつも目にする「靴の修理屋さんの1日に密着する」という記事です。午前9時から13時間にわたって取材した成果を6964文字にまとめています。この文字数、**一般的なウェブ記事からすると、3、4本分のボリュームがある長編**です。でも取り上げているのは、普通の1日。

実は、ここに「ネタがない」ときの答えがあります。

とにかく**1日の一部始終を全部書き出してしまう**のです。

その際、大事なのは、**朝ごはんや通勤など「普通の場面」を軸にする**ことです。昼食は誰でも食べるので想像がつきます。でも、まったく同じであることはありえません。**おんなじだけどちょっと違う。**

そこから「社長のひとり誕生日」「新入社員の大晦日」「勤続40年、最終出社の1日」といったテーマに広げ、ユーザーに響くコンテンツにすることができます。

出勤前の店長の自宅までうかがう形で始まった密着取材。その後も、ミクロな場面の描写が続きます。

玄関で見せてもらった10足以上もあるという、よく手入れされた革靴。プロの職人としての意識が伝わってきます。

取材当日は雪でした。通勤途中、気にするのは電車のダイヤではなくお店に持ち込まれるかもしれない靴のことです。

休憩時間では、会社の経営方針に対する店長の率直な感想が語られます。トップが変わって仕事がやりやすくなった。会社員として日々、働く人なら思わずうなずくような、そんな要素になっています。

記事が盛り上がりを見せるのは後半です。

濡れた状態の靴を持ち込んだお客さんに「修理はやめておいたほうがいいと思います」と断ります。売り上げが減ってもお客さんのためにならないことはしたくない。浮かび上がるのは、仕事に対して真摯に向き合う職人の姿です。

**大事なのは、身近なことを身近なままで終わらせていないこと**です。「職人としてのこだわり」、「目先の利益よりお客さんを大事にする姿勢」など、**描かれる日常の場面は、世の中とつながっています。**

コンテストで優勝したり、売り上げを全国一位に導いたりしたわけではありませ

●「靴修理屋さんって何してるの？　密着してみたらマッキーに泣かされた」（2018年2月2日配信／野口みな子）より抜粋

ちなみになぜお宅訪問をしたかったというと、靴修理をする人って、自分の靴もすごく綺麗に手入れしてそうじゃないですか。出会って5分で鼻息荒めに「革靴見せてもらえませんか！？」という私に、永嶋さんは少々戸惑いながらもご自身の靴を見せてくれました。

確かにツヤがあるし、形も整えられていて、デザインも凝っています。12～13足持っているというのも驚きでした。でも一番驚いたのは、永嶋さんが発した一言。

**プロ意識を感じさせる**

「どうせならスニーカー撮ってもらえません？」

**意外なギャップを**

もともとスニーカー好きだったという永嶋さん。スニーカーも革靴と同じくらい持っているそうです。「これはナイキのエアハラチというシリーズで、1990年代にめちゃめちゃ流行ったやつで……」とスニーカートークが止まりません。ええい、そっちかよ！

### 「今日、お店大丈夫かな……」

AM10:00　出社
そうこうしているうちに、出社する時間に。今日の永嶋さんのシフトは遅番で11時からの勤務です。シフトによっては朝、お子さんと公園で遊んだり、保育園に送り出したりできます。ご家族に見送られながら渋谷にある店舗に向かいます。

**普通の1日の通勤**

そう、長靴。
あろうことか取材したのは関東地方が大雪に覆われた1月23日。

でも永嶋さんが気になるのはダイヤの乱れより、「今日、お店大丈夫かな……」。

全文はコチラ☞

ん。そもそも、会社の事業のことを紹介したいのなら、社長インタビューのほうがニュースとして価値がありそうに見えます。ですが、それではユーザーへの響き方が全然違うものになっていたでしょう。大きな出来事が起きない、店長の普通の1日を通してでしか伝えられなかったものがあるのです。

大きな話が世の中を動かすことは事実です。でも、それって当たり前のこと。そもそも大きな出来事になっているので、驚きはありません。日々、膨大なコンテンツにさらされているユーザーに読まれるためには、驚きや希少性の裏を読むことが必要です。

そう考えると、**実は、大きな主語ほど、その余地が少ない**ことに気づきます。**想像がつく「すごい話」より、多様性と意外性に富んだ「日常」にこそ価値が生まれる。**それもまたデジタル空間の面白いところだと言えます。

＼まとめ／

**大きな出来事は起きなくていい。普通の1日を全部書き出す**

# ささいな疑問をメモする

**身近なネタが大切。**大事件よりもユーザーとの距離が縮まり、つながりを生むきっかけになる。それはわかっていても、難しいのは、「放っておくとすぐに忘れてしまうこと」です。

身近すぎるからこそ、大きな出来事として記憶に残らない。

そこで、おすすめしたいのは、**1行でいいから自分が思い出せる形で小まめにメモをとること**です。

手帳に書き残すのもいいですが、スマホにはいろんなメモアプリがありますし、自分宛にメールを送るという手もあります。

では、身近なネタというのはどんなものか。

朽木誠一郎さんが手がけてきたシリーズが参考になります。

「プレ親の質問箱」という切り口で、妊娠にまつわる「ささいな疑問」の真偽を確かめたシリーズです。

朽木さんは、自身が子どもをもつことになったのを機会に、自分の中に生まれた「ささいな疑問」を記録し、それの答えを記事にしていきました。「ささいな疑問」は、自分のまわりに転がっているものばかりです。

加えて、編集部で出産経験のあるメンバーからも聞きました。そうすると「そういえば、これ気になっていたんだよね」「あれ、本当はどうだったんだろう」という「ささいな疑問」がたくさん集まったのです。

そうやって生まれたのがこちらの記事です。

**「#さっき妊娠わかった　妊娠中にうっかり湿布を…妊婦はNGな種類も」（2021年12月29日配信／朽木誠一郎）**

タイトルには「さっき」という言葉を入れています。

ここからは、まだ妊娠がわかったばかりで医療機関に行ったり、行政のサポートを受けたりする前の〝エアポケット〟にいる状態が伝わってきます。

「さっき」妊娠がわかった人の日常は、そこまで深刻ではないけど気になることのほうが多いはず。そのニーズを見越して考えたのです。

こんな記事もあります。

**「つわりに『マックのポテト』から考える、医療情報との向き合い方」（2022年3月30日配信／朽木誠一郎）**

妊婦になって不安になるのがつわりです。しかし、つわりほど人によって違うものはありません。医学的に解明できていないことも多い。記事は、そういった専門家に取材してわかった話を、整理して伝えています。

重要なのは「つわりだけどマックのポテトだけは食べられる」ということ自体は、良い悪いの話ではないということです。こういった、「関心は集めやすい（バズりやすい）けど、ささいな疑問（悩み）にとどまっている」ような情報は、専門的な検証がされないまま拡散されがちです。「マックのポテト」が直接妊婦の体に何らかの影響があるわけではありません。もしそうなら、そのままにはされず、医師や行政によって特別な対応が取られるからです。

このような話題を集めやすい医療の「ささいな疑問」は、妊婦関連にかぎりません。

**「飲むと『睡眠改善』本当？　トクホとも違う…機能性表示食品の注意点」（2022年4月19日配信／朽木誠一郎）**

コンビニやスーパーで見かける「トクホ」や「機能性表示食品」のマーク。なんとなく健康にいいと思って選んでいますが、マークのついていない普通の食品と何が違うのか、実はわからないまま買っている人は少なくありません。

店頭で感じた「ささいな疑問」も解決されないままです。

**大事なのは、大きな出来事になる前のあやふやな状態を見逃さないことです。日々の生活の中であったり、スマホを使っていたりするときに「なんか気になるなあ」という瞬間を、1行でもいいので記録する。**

そうすることで、貴重な気づきのとりこぼしを防ぐことができるのです。

＼まとめ／

身近にある「気になること」は、1行でいいからメモしたり、スマホで記録する

# 3章

# つながる文章には、まず「自分を出す」

# 自分の悩み、思い、好きなことを出していこう

読まれる文章を書きたい。

でも、それだけでは「読まれる競争」の数字争いに巻き込まれてしまいます。

数字ありきの記事は、読まれた後、すぐに忘れられて終わりです。

それは悲しい。

逆に、読んでくれたユーザーから反応があったら、うれしい。さらにSNSでのシェアのように、別の形で発信してもらえたら、これほど喜ばしいことはありません。

自分がデジタル空間に発信した情報によって、コミュニケーションが生まれる。それが理想です。

そう、**本来、「読まれたい」の先には、「つながりたい」がある**のです。

こんにちはー！
僕は奥山晶太、8才オス、
好きなものはポテトサラダ
趣味は真夜中の徘徊
でーす！

**そんな、「つながる文章」を書くために、大切なこと**があります。

それは**「自分を出す」**ことです。

つまり、自己紹介です。

人と人が出会ったら、まず名乗ります。勤め先や、住んでいる場所を話すこともあるでしょう。

ウェブも同じです。何かを伝えた先で誰かとつながりたいと考えるなら、まず「自分を出す」必要があります。

でも、こんな声が聞こえてきそうです。

「自分を出す、と言われても何を書いていいかわからない」

「そもそも自分のことなんて書いて面

白いの?」

たしかに、文章を書き慣れてなかったり、発信する習慣がなかったりする人は、「自分を出す」ことが何なのか、わかりにくいと思うかもしれません。

でも、それは書くことを仕事にしている新聞記者も実は同じです。

私がwithnewsで一緒に働いてきた新聞記者は、本当に「自分を出す」のが苦手な人ばかりでした。

それには理由があります。新聞記者は、新人教育で「文章に自分を出すな」と教わるからです。

新聞記事は「報道」である以上、事実を中心に書くので、自分を出してはいけない。そう言われ続けたため、「自分を出す」のは苦手な人が多いのです。

しかしwithnewsは、新聞記事とは違います。ウェブというデジタル空間でユーザーとつながる文章を書く必要があります。

そこで私が大事にしたのが、「**記者の顔が見えること**」でした。

記事に、それを書いている記者の「顔」を出したい。

その人のキャラクター、悩み、思い、好きなことを出したほうが共感を得られるのではないか。
そう考えたのです。

自分が、今、抱えている悩みを率直に書く。
自分が体験してきたことを、こと細かに書く。
自分の趣味や好きなことを思いきり書く。

これは、記者でなくても、**デジタル空間で発信する際にとても重要なこと**です。

この3章では、「自分を出す」についてお話ししていきます。

# 自分が当事者のテーマで書いてみる

「保育園落ちた日本死ね！！！」という痛烈な言葉を覚えているでしょうか。

２０１６年、子育て支援が足りない現状を訴えたブログが注目されました。政治家も動かざるをえなくなるほど、強い影響力を発揮したこの文章には、ユーザーと「つながる」ための大事な要素があります。

それは、**「書き手の当事者性」**です。

この**「当事者性」というのは、デジタル空間において、説得力という形で非常に強い威力を発揮**します。それを使わない手はありません。

例えば、次の文章を見てください。

〈「お前ただのデブだろ。俺はだまされねーぞ」「偉そうにしやがって」。

マタニティーマークをつけた妊娠7カ月の女性が、目の前の男性に席を譲ってもらった際、その隣に座っていた男性から言われた言葉だ。なぜそんな敵意が生まれるのか？　妊婦に気をつけることはあるのか？　考えてみた。〉

電車のような公共空間で妊婦が肩身の狭い思いをしてしまうケースは、残念ながら今もなくなっていません。

でも、妊婦や子育て中の悩みや困りごとを、普通の書き方で記事にすると、かなりの確率で「困っているのは妊婦や子ども連れだけではない」といった反応を呼び起こしてしまいます。これは、デジタル空間ならではの難しさと言えます。

でも「女性」を「私」に変えたらどうでしょうか？

〈「お前ただのデブだろ。俺はだまされねーぞ」「偉そうにしやがって」。マタニティーマークをつけた妊娠7カ月の私が、目の前の男性に席を譲ってもらった際、その隣に座っていた男性から言われた言葉だ。なぜそんな敵意が生まれるのか？　妊婦に気をつけることはあるのか？　考えてみた。〉

「私が」に変えたとたん、「当事者」の話になって、説得力が出ませんか？

「妊婦に気をつけることはあるか？」この呼びかけを、電車内で敵意を向けられた当事者であり、そもそも、妊婦の「私が」あえて問う。

これは、実際にｗｉｔｈｎｅｗｓで配信された記事からの抜粋になります。

**「マタニティマークつけたら…『ただのデブだろ』と言われて考えたこと」（2016年6月15日配信／中田絢子）**

妊娠前も「公共空間での妊婦への配慮」に記者として向き合ってきた中田さん。その中田さんが、妊娠7カ月にして、「電車で敵意を向けられる」当事者となる経験をしたことから生まれた記事でした。

**当事者の書く文章は強い。説得力がある。**

加えて、当事者性は、**コンテンツの希少性**にもつながります。

同じテーマの文章があったとしても、**当事者が書くと、「その人だけ」の体験談やエピソードが必ず生まれます。**

発信元が誰なのかユーザーに意識してもらえたら、**一つの出会いを継続したつながりに飛躍させられます。**

「この人、ほかにはどんなことを書いているのだろう」という新しいチャンネルができる。

発信者が意識されることは、一期一会で終わってしまいがちなデジタル空間で、出会いをつながりに変えてくれるのです。

「自分を出す」に悩んだとき、おすすめしたいのが、**「自分が当事者のテーマ」を書くこと**です。

・地方出身者が感じた地域格差
・大家族で育ったからわかる親戚付き合いの難しさ

「自分の当事者性を発揮できるもの」がないか、探してみてください。

＼まとめ／

**当事者の書く文章は強い。**
**自分が当事者のテーマを探してみよう**

# 伝えたいことは自分の体験とからませて書く

今、人気のｎｏｔｅですが、ユーザーが評価した「スキ」がつく記事には共通点があります。

単純ですが、**「書き手の体験を書いていること」**です。

つまり、書き手の顔が見えるコンテンツになっている。

**体験が強さを発揮している**のです。

ここで一つお題を出します。

あなたは今、「難民問題」に関心をもってもらうために、ウェブで発信しなければいけません。

どのような伝え方をしたら、「難民問題」に関心をもってもらえるでしょうか？

「難民問題」を考えることは、たしかに社会にとって大切なことです。

でも、自分にとってはどうか。日本に住んでいる大半の人にとって、おそらく最もかたい話の一つが「難民問題」です。普通に書いても、まず、読んでもらえない。

ところが、その難民を真正面から取り上げて、ものすごく反響があった記事があります。

**「話しかけたタクシーの運転手はボートピープルだった　日本での40年」（2020年4月15日配信／松川希実）**

この記事では、ベトナム戦争によるインドシナ難民として、日本にたどり着き、日本国籍となった伊東真喜さんの半生を伝えています。

インドシナ難民が生まれたのは、1970年代。これを、現代のエンタメ情報やショート動画であふれるスマホ空間で読んでもらうのは、相当、難しい。

ところが、**この記事は配信されると、ぐんぐんと数字を伸ばしました。**

なぜ、そんなことになったのか。

その理由は、記事のタイトルを見るとわかります。「話しかけたタクシーの運転手」

という文言。そう、**「書き手の体験」**です。

記事は、タクシーでちょっと違う雰囲気の運転手と出会った場面から始まります。独特のアクセントが気になり、出身地を聞いたことがきっかけでインドシナ難民だとわかった。そんな、タクシー車内のやりとりをこと細かに再現しました。一般的な記事の書き方だと脱線ともいえる内容で、割愛されるところです。

しかし私は、**ここがこの記事の肝**だと考えました。**この2020年代の日常風景によって、教科書に載っているような歴史と読者との間に接点が生まれるから**です。

取材するまでの経緯を説明するのに費やした文字数は602文字。新聞記事ならこれだけで記事が1本書けてしまう量ですが、そこに、本編である伊東さんのインドシナ難民時代の話は入っていません。逆に入れてはいけなかったのです。

なぜなら、**「70年代」と「読者の日常」をつなぐための文章だから**です。

続けて書いてある伊東さんの半生は、あらためて読むと、引き込まれるエピソードばかりです。とくに日本へ決死の覚悟で渡ってきた描写は映画のようです。

本物の海賊に襲われ、助けられた直後、乗ってきた船は沈没するという経験をしています。

●「話しかけたタクシーの運転手はボートピープルだった　日本での40年」（2020年4月15日配信／松川希実）より抜粋

**今(2020年)の場面からスタートする**

「車内の温度はいかがですか？」。昨年末、タクシーで、丁寧な言葉をかけてくれた運転手は、独特のアクセントがありました。ネームプレートは「伊東真喜」とありました。それでも私は興味をおさえられず、「大変失礼ですけど、外国のご出身ですか？」と尋ねてしまいました。

**経緯を説明**

運転手は丁寧な口調を崩さず「はい。私はベトナムで生まれて、日本で育ちました。伊東は、私の日本の恩人の名前なんです」と答えてくれました。

彼のことが忘れられず、私はタクシー会社を通じてインタビューを申し込みました。

インタビューの日。磨かれた革靴と細身のパンツという「出勤時の私服」で現れたオシャレな伊東さんは「身だしなみが大切ですから」と言いました。歩きながらすっと手を伸ばし、自然に私を誘導してくれます。本当に丁寧に、人と接してきた方なんだと思いました。

### 死ぬ覚悟で

勤めているタクシー会社「東京七福交通」（東京都荒川区）で、人生を聞きました。「日本に住んで40年ですから、本当に長い話になりますよ」と前置きした伊東さんは、「松川さん、ボートピープルってご存じですか？　私はインドシナ難民なんです」と話しました。

**ここで初めて本題が出てくる**

目の前のオシャレなタクシー運転手と「ボートピープル」という言葉を、私はなかなか結び付けることができませんでした。

全文はコチラ☞

でも、いきなりその部分だけを読んでもらおうとすると、たぶん失敗します。10年前の東日本大震災でさえ、なかなか自分ごと化しにくい現実があります。ましてや、40年以上前のベトナム戦争です。インドシナ難民の話です。

そんな歴史上の出来事に今、関心をもってもらうなんて、無茶な話です。

**まず、「読者の日常の延長線上にあると思ってもらうこと」が絶対に必要**なのです。

さらに記事の最後には、タクシーで最初に「ご出身は?」と聞いてしまった松川さんの反省の言葉が書かれています。松川さんは、「必死に日本人になろうとしていた伊東さんにとって失礼にあたる」と考えたのです。

**このくだりも、余談に見えて、重要な働きをしています。**

松川さんの質問に対して伊東さんは、「いや、10人中9人には聞かれるんです。そしてほとんどの方に褒め言葉を頂いて終わります。『日本のタクシーなんて、日本人でも難しいのに、よくがんばったね!』って」と答えます。

記事の最後に入れたこのやりとりは、インドシナ難民だった伊東さんの半生を、再び2020年代の読者の日常に引き戻してくれます。

**書き手の「今」の個人的な体験から始まり、言いたいことである本編「難民問題」を語り、「今」の記者の反省で終わる。**

記事は、本編を記者の体験したエピソードではさむ構成になっています。

２０２０年代から１９７０年代へ移動し、再び２０２０年代へ。

これが、ユーザーに関心をもってもらう鉄板テクの一つです。

単に「インドシナ難民」の話を伝えるだけでは無味乾燥になってしまうところを、まるでユーザー自身がタクシーで伊東さんに話を聞いたかのような体験を提供しているのです。

＼まとめ／

難しいテーマも、個人の体験とからませて
細やかに書くと伝わりやすい

# 「やってみた」はあとから作れる自分の体験

これまでは、書き手が実際に体験したことを形にした事例を見てきました。

しかし、当事者でもない。過去に体験したこととともからめられない。

そんなとき、どうすればいいでしょうか。

**体験したことがなければ、これから体験すればいい。**

**そんな伝え方の一つが「やってみた」です。**

「やってみた」とは、書き手の体験を一人称で記事にするウェブ記事らしいスタイルです。

「乗ってみた」「行ってみた」「買ってみた」「見てみた」など、いろんな形で応用できます。

例えば、セグウェイという乗り物が話題になったとき、セグウェイが何なのかを紹介するコンテンツがたくさん出回りました。

その中で、単にセグウェイの性能を紹介したり、良さをアピールしたりするより、「話題のセグウェイに乗ってみた」と自分の体験にするほうが効果的です。

**その手法がより強化されるのが、「やってみた」こと自体が珍しいとき**です。

「話題のセグウェイで一週間、通勤してみた」となると、差別化ができます。

さらに「話題のセグウェイで東海道五十三次を走破してみた」だと、かなり差別化ができます。

**「誰も体験できないこと（しようとは思わないこと）」と、「やってみた」のかけ算でコンテンツに広がりとインパクトが出せる**のです。

この最強の組み合わせでものすごく読まれた記事があります。

**「格ゲー業界騒然！パキスタン人が異様に強い理由、現地で確かめてみた」（2019年4月17日配信／乗京真知）**

きっかけは、日本で開かれた人気格闘ゲーム「鉄拳」の世界大会で無名のパキスタン人、アルスランさんが番狂わせの優勝をしたことでした。

それ自体、かなり強いコンテンツになる出来事ですが、優勝スピーチでのアルスランさんの発言が追い打ちをかけます。

「パキスタンには強い選手が、まだまだいる」と、まるで少年マンガの主人公のような発言をしたのです。これによって、ＳＮＳでアルスランさんの存在が一気に拡散しました。

ネットで話題になっているのを知ったこの記事の書き手であり、現地パキスタンの朝日新聞特派員だった乗京さん。アルスランさんが腕を磨いた現地のゲームセンターに、まさに「行ってみた」のです。

日本で開催されたゲーム大会ならまだしも、パキスタン本国のゲームセンターまで行ける（行こうと思う）人はそうそういません。

この時点で、「誰も体験できないこと（しようとは思わないこと）」の条件クリアです。

**「やってみた」は、単発でも十分強いのですが、「誰も体験できないこと（しようとは思わないこと）」とのかけ算でもっと強くなるのです。**

読まれないわけがありません。

**「あとからでも作れる個人の体験」が「やってみた」です。**

つまり、**効果的かつ戦略的に「自分を出す」ことができるのです。**
何か興味のあることがあれば、それを体験し、文章にしてみてください。

＼まとめ／

**「行ってみた」「食べてみた」など**
**「やってみた」は、あとから作れる体験談**

## 「やってみた」ものの結果や結論はなくてもいい

「やってみた」は、気軽に「当事者」になれる伝え方です。でも、テーマによっては軽いノリではできないこともあります。しかし、それでもいいのです。

**ここでは、「やってみた」をシリアスなテーマで発信した例をご紹介します。**

ｗｉｔｈｎｅｗｓでは、取材のために当事者になってみることに挑戦した企画があります。

それは「『見た目問題』どう向き合う?」というシリーズです。

顔の変形や、あざ、傷、まひなど、病気や事故によって、人とは違う外見の人たちが抱える悩みを取り上げた企画になります。このシリーズは50本以上の記事を発信しており、書籍にもなりました。

発案したのは、岩井建樹さん。岩井さんの家族が人とは違う外見をもっている当事者でした。そこで、岩井さん自身も「当事者」になり、その時、経験したことを記事にしたのです。

**「あざの顔、見るのは仕方ない？『自意識過剰』で片付けられない問題」（2019年3月7日配信／岩井建樹）**

特殊メイクで岩井さんの顔にあざを作ってもらい、その状態で街に出ました。

まず向かったのは公園です。当事者への取材から「反応が素直な子どもが苦手」という声を聞いていたからです。

岩井さんは、公園で子どものささいなしぐさが気になってしまいます。本当は関係ないかもしれない。でも、「いい気持ちがしない」時間を過ごします。

次に岩井さんは、街で出会った人に道を聞き「私の顔を見て、どう思いましたか？」と聞きました。

ほとんどの人が親切に教えてくれたものの、逃げるように去っていった若い女性2人組がいました。被害妄想かもしれないと思いながら、心がざわつきます。

そうやって、当事者の悩みを追体験しようとする岩井さんですが、特殊メイクを落としたときの心境に、記事の核心が現れます。

「素顔の私に向けられたものではない」
「私にとってあざはメイクであり、顔を洗えばあざのない顔に戻る」
当事者の気持ちを知ろうと思ったものの、その痛みを十分に感じられたわけではないと思い知ります。

当事者になってみて、当事者の本当の気持ちにはなれないことがわかったのです。

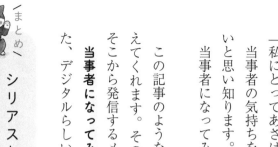

この記事のような「当事者になってみる」という手法は、臨場感やリアリティを与えてくれます。その一方で、「見た目問題」のようなシリアスなテーマを扱う場合、そこから発信するメッセージは慎重に考えなければいけません。

**当事者になってみる。そのうえで、わからないことはわからないと言う。**これもまた、デジタルらしい「**自分を出す**」**の発信の一つ**だと思っています。

＼まとめ／

シリアスなテーマでも「やってみた」はＯＫ。素直な発信こそが魅力になる

## 「当事者ではない」ことを強みにする書き方とは

106ページでもお伝えしたように「当事者」にはものすごい強さがあります。子育て中の親が育児について書くのは説得力があります。帰国子女の人が日本の英語教育について述べるのも強い。

しかし、**「当事者ではない人」も、書き方によっては、大きな強み**になります。

こちらの記事が、まさにそれです。

**『子どもを産みたい』のに、踏み出せない　女性悩ます負のイメージ」（2018年7月4日配信／野口みな子）**

野口さんは、当時、20代後半で結婚4年目、子どもは産んでいませんでした。

記事は野口さんの内面の吐露から始まります。

〈身近に子どももいないのでイメージも湧かず、ネガティブな面ばかり見えてしまいます。みんなはどうやって、母親になる決心をしたのでしょうか〉

そして、自身の悩みに対する答えを探すため、出産経験者や識者に話を聞き、実際に子守を体験しながら、自分の立ち位置を確かめていきました。

この記事、最後の締めの言葉が印象的です。

〈「案ずるより産むがやすし」と言いますが、あんまりせかさず、もう少し悩ませてください〉

結論が出るかと思いきや、記事を書きはじめた時点と野口さんの考えはあまり変わっていないようにも見えます。

でも、それでいいのです。

子どもを産むという大きな決断について、そんなにすぐ結論が出るわけではありません。**揺れ動く心情自体が、届けたいメッセージになる**からです。

●「『子どもを産みたい』のに、踏み出せない　女性悩ます負のイメージ」（2018年7月4日配信／野口みな子）より抜粋

いつか子どもがほしいと思っています。でも、平成の子どもをめぐる現実に目を向けると、後ずさりしてしまう自分がいます。余裕や準備が足りない、と踏み出す「スイッチ」が入らないのです。身近に子どももいないのでイメージも湧かず、ネガティブな面ばかり見えてしまいます。みんなはどうやって、母親になる決心をしたのでしょうか。結婚4年目。もうすぐ30代の記者が、子育て世代の家庭で１日を過ごす「家族留学」にも参加。「産みたい気持ち」と「迷う気持ち」を探りました。

**冒頭部分に、自分の悩みを入れる**

## 「子どもが欲しい」明確な理由なきゃダメ？

幼い頃から、漠然と心の中にあった「お母さんになりたい」。小学生の頃は、20歳で結婚、21歳で第1子、23歳で第2子と、現在の社会と比較しても、かなり早めな計画を立てていたのを覚えています。中学生の時は「大学に行きたい」と思い、計画は少し後ろ倒しに。高校を卒業する頃には大学院を意識し始め、さらに未来の自分に託すようになりました。

30代を目前に控えた私も、過去の私に「ゴメン」と思いながら、そのバトンを先の自分に渡そうとしています。

（中略）

私は今の生活でも十分すぎるほど幸せだけど、そこにプラスするとしたらなんだろうか。それが「子ども」であれば、また世界が違うように見えるかもしれません。「案ずるより産むがやすし」と言いますが、あんまりせかさず、もう少し悩ませてください。

**結論は出なくてもいい**

全文はコチラ☞

当事者の発信は、多くの場合、具体的な問題意識を伴います。

子育て支援の手薄さ、共働き世帯で起こる意識の差など、当事者の立場から解決策を提案する。これはこれで大事な姿勢です。

けれども、当事者ではない立場の人からすると、なじみのない話題です。なかなか読まないし、読んでも忘れてしまいます。

その時、**「当事者じゃない人」が「当事者じゃないままで発信する」ことは、関心がない人に気づいてもらうきっかけ**になります。

その際、ポイントになるのが**「無理に当事者に寄せていかない姿勢」**です。

**当事者の文章は、ある意味、説得力をもちすぎます。**悩みであったり、喜びであったり。体験からくる訴えは、否定しようがありません。共感できないほうが悪い気がします。

迷いのない主張は、同じく迷いがなく、かつ、それに反発する言葉を呼び寄せがちです。それぞれ迷いがないので、議論はかみ合わず、否定する言葉が飛び交います。

大多数のユーザーを置き去りにしたまま、一部の人たちによる論争の焼け野原になってしまうのです。結果、**取り上げたテーマそのものが近寄りがたい存在になる。**

それに比べると、**当事者じゃない人には、ある種の弱さがあります。**

この弱さが、ユーザーの大多数である「どちらでもない」層を代弁する役割を果たします。

思い入れが強い言葉が目立ちやすいデジタル空間では、**当事者じゃない人がもつ弱さは、強みになる**のです。

デジタル空間においては、**関心をもっていない層を振り向かせることのほうが難しく、かつ重要**です。その**架け橋になってくれるのが当事者じゃない人の発信**です。

「ベビー用品の部署に異動してきた独身男性の気づき」

「居酒屋メニューを任された下戸の私」

そんな組み合わせは、**当事者からちょっと距離を置いて見守っている大多数のユーザーたちの代弁者**になってくれるはずです。

＼まとめ／

「無理に当事者に寄せていかない姿勢」によって関心をもっていない層を振り向かせることができる

# 個人の趣味まるだしでいい

PRや広報の担当者の中には、仕事で文章を書くときに、こう考える人がいます。「広報担当が気になる韓流ドラマ」をテーマにするなんてありえない。それは、ちょっともったいないです。

ユーザーにとっては、個人の発信も企業の発信も、同じコンテンツです。**面白く読めれば、問題ありません。**

そもそも、デジタル空間は、個人的な興味関心やプライベートな発信と相性がいいということは、今も昔も、変わっていません。

だから、**企業の発信であっても「個人の趣味まるだし」でいい**のです。

そんなノリで読まれた記事がこちらです。

**「『dj honda』の今、グッズ注目……心境を本人に直撃　顔見せない理由」（2019年3月31日配信／山下奈緒子）**

「dj honda」とは、1994年に発売されブームとなったグッズシリーズです。「h」のマークが施された帽子やパーカーがスーパーや衣料品店で売られていました。

その世代の人なら、当時の記憶とともにさまざまな思い出がよみがえるグッズです。

「dj honda」シリーズは、実際に、DJとして活動をしているdj hondaさんが生み出したアイテムです。

記事は、そのdj hondaさんご本人を直撃したものです。きっかけは書き手である山下奈緒子さんの個人的な好奇心です。

2019年にdj hondaさんに何か大きな変化が起きたわけではありません。**単に山下さんが興味をもったのが2019年だっただけ**です。

でも、スイッチの入った山下さんは、本人のTwitterのアカウントを見つけ、連絡をとります。そして、見事、会うことに成功します。

記者による取材ではありますが、**やっていることは、個人の趣味まるだし。**

でも、**デジタル空間においては、そっちのほうが相性がいいのです。**

山下さんは、dj hondaさんが「音楽を広めるための一つになってくれれば」という思いから、グッズ製作に協力したことを聞き出します。あくまで音楽のため、という姿勢を大事している本人の言葉は、ＳＮＳで共感を呼び、記事は多くの人に読まれました。


取り上げるタイミングを考えなくてもいい。

自分が専門家じゃなくてもいい。

ネットですでに情報が出回っていても気にしない。

**そこに書き手の趣味や好奇心、驚きがあれば、新しいコンテンツとして何度でも生まれ変わる**ことができるのです

＼まとめ／

企業の発信でも「自分」を出す。

書き手の趣味や好きをどんどん出していく

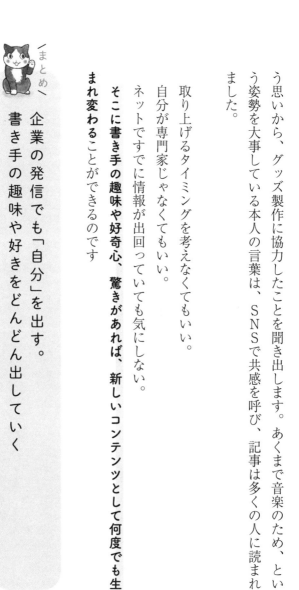

# 単に「気になっただけ」で好奇心から書いてみる

前項のように**個人の趣味や好奇心**を大事にしてきたwithnewsでは、同じような企画が次々と生まれるようになりました。

「単に気になったから」を大事して、すごく読まれた企画に、朽木誠一郎さんの「#ふしぎなたてもの」シリーズがあります。

街で見かけた不思議な建物の歴史について、なぜ、その外観になったのか、そもそも、なぜそこに建てられたのかを解き明かす人気シリーズになっています。

例えばこちらの記事。完成から20年以上休館している建物の謎に迫っています。

**「『まるで墜落した宇宙船』20年以上休館、手がけたのは世界的建築家」（2022年5月30日配信／朽木誠一郎）**

元を正せば、朽木さんが街で見かけた東京都江東区にある「共同溝展示館」という建物の姿が単に気になったことから生まれた記事です。

「共同溝展示館」は、1997年4月に開館しました。しかし、1996年に開催予定だった世界都市博が中止になったことで、当初、見込んだほど利用者数が増えませんでした。その結果、2001年4月1日に休館。以来、20年以上、無期休館になっていました。

この記事で大事なのは、**何も新しい要素はない**ということです。しかも、**概略はウィキペディアにも書いてあります**。

とくに変化もなく、ネットにすでに情報がある。

それでも記事は、たくさんの人に読まれました。

「#ふしぎなたてもの」シリーズでは、他にも人気記事が生まれています。

**「デパ地下の入口脇にある謎の小窓」（2022年1月17日配信）**

**「首都高内で見つけた〝出口しかない〟謎の駐車場」（2022年1月24日配信）**

**「ゆりかもめがレインボーブリッジ前で巨大ループを描く理由」（2022年3月7日配信）**

どれも、**朽木さんが単に気になっただけ**。さらに、ほとんどの建物についてウィキペディアに記事はあったのにもかかわらず、です。

**大事なのは書き手の好奇心**です。

取り上げるものは変わらず存在している。それについて説明した情報もウェブ上にはすでにある。

しかし、書き手の好奇心がなければ、それらは、ただデジタル空間に〝いるだけ〟にすぎません。

**逆に、書き手の好奇心が加わることで、ガラッと価値が変わります。**

自分たちが発信する情報に手応えがないとき、**そこに発信者の好奇心、ワクワク感が入っているかを考えてみるのは重要**です。

発信者のテンションが上がらないままの文章を、ユーザーは確実に見抜きます。それでは、ユーザーとつながることはできないでしょう。

まとめ

**自分の好奇心やワクワク感を盛り込んだ文章を書く**

# 自分の「専門」を出す。かけ算するとなおよい

当事者や経験より、もっと強いコンテンツがあります。

それは、「**専門**」です。

誰もが手軽に発信できるようになったデジタル空間では、起業家や投資家、元スポーツ選手まで、専門性を十分に兼ね備えた人たちがＹｏｕＴｕｂｅ、Ｔｗｉｔｔｅｒ、ブログで発信をしています。そこで語られる話は、これまでメディアを通じて伝えられたものよりも臨場感があり、説得力もあります。

しかし、誰もがトップレベルの実績があるわけではありません。たとえ一般の人より詳しい情報をもっていても、業界のトップになれる人はごくわずかです。

**デジタルの世界は「一強多弱」と言われます。**１位と２位の差がものすごく大きい残酷な世界です。

1位をとれたら、ユーザーから発見されやすい場所にいることができます。厳しい戦いを勝ち抜いて1位にのしあがる姿勢も大事ですが、もっと効果的な手法があります。

**専門性を組み合わせる、つまり専門性のかけ算です。**

一つのジャンルの中で1位になるのが至難の業なら、**専門性をかけ合わせて、戦うフィールドをしぼる**のです。そうすれば自然と競争相手は少なくなり、1位に近づけます。

朽木誠一郎さんがまさにそうです。朽木さんは、大学の医学部医学科を卒業後、医師にならずメディア運営企業に入り、ウェブメディアの編集から運営に携わって、その後、新聞記者になりました。

朽木さんの専門は、「**ウェブ**」と「**医療**」です。どちらも、普通の記者より専門知識と経験値があり、両者をかけ合わせたジャンルを追いかけています。

例えば、TikTokについて書いたこちらの記事。

**「本当は怖い『寄り目チャレンジ』TikTokで流行、医師も警鐘」（2021年10月22日配信／朽木誠一郎）**

10代に人気のSNSであるＴｉｋＴｏｋで、寄り目をした動画投稿が流行していることの注意点を取り上げました。視力に影響が出てしまうその危険性を医師のコメントとともに伝えています。

この記事、医療情報のように見えて、そもそも、ＴｉｋＴｏｋという新しいSNSにアンテナを張っていないと、「寄り目チャレンジ」の流行という事実に気づくこともできなかったでしょう。

さらに、ショート動画で何が流行しやすいのか、特有の世界観が頭に入っていないと、どんなに危険なのか判断できないテーマだったといえます。

医師の立場からすると、わざわざ体を傷つける行為に参加する意味はわからないかもしれません。

しかし、今、流行っているテーマにみんなで参加すること自体が価値になっているＴｉｋＴｏｋの世界から見ると、別の風景が広がります。

軽快な音楽に合わせた短時間での表現と「寄り目チャレンジ」の相性のよさ。それが広まってしまう本当の怖さは、ウェブの知見がないと認識できません。

SNSを長く取材してきた朽木さんにしか察知できない記事だったといえます。

朽木さんのような立場の人、実は、みなさんの会社にいるかもしれません。

化粧品の営業経験のあるデザイナーが語るパッケージ論。

毎日、ラーメンを食べている広報担当のグルメ情報。

あるいは、法律や介護、経理の資格を持った人が、自社だけでなく業界全体のトレンドについて語るだけでも、通常のコンテンツとは違う価値が生まれます。

誰もが発信できるデジタル空間の特性を考えたとき、**専門性のかけ算は、自分を出すための最強の手段ともいえる**のです。

\まとめ/

自分の中にある「専門性」を
二つ見つけて、かけ合わせてみる

# 4章

# 読まれた先でユーザーを動かすには？

# つながる文章とは、ユーザーを動かす文章である

withnewsは、幸い多くのユーザーに支えられ、2020年5月には月間830万UU（ユニークユーザー／訪れたユーザー数）、1億5300万PV（ページビュー／クリックされた数）を達成することができました。

当時、たくさんの人に届けたいという思いを表すため、記事とセットで、ユーザーの反応の大きさを数字にして表示していました。この数字は、何人がその記事を読んだかを示す「UB（ユニークブラウザー）」でした。

しかし、2021年2月3日から**見出しの上にあった数字の表示をやめました。**

やめた理由は、一つの指標だけで記事をはかる時代ではなくなったと判断したからです。

記事には、その内容や出すタイミングによって、ＵＢに適したもの、ＰＶに適したもの、ＳＮＳのシェアを期待するものなど、さまざまなゴールがあります。

ＵＢが低いからといって、その記事に価値がないとは言いきれません。

しかし、ＵＢが明示されてしまうと、どうしても、ＵＢ向きの記事が増えます。ユーザーにも、ＵＢの多い記事のほうが評価が高いと思わせてしまうことが避けられませんでした。

**数字が可視化されると、独り歩きしてしまう**のです。

だから、数字の表示をやめることにしたのです。

**ユーザーの心に響く文章とは、時として数字のとれる文章でないことがあります。**

大事なのは、数字に振り回されることなく、ユーザーの心に響く文章を届けることです。

**ユーザーの心に響く文章とは、ユーザーを動かす文章**でもあります。

・読んだらついシェアしたくなる
・SNSで取り上げ、自分の意見を述べたくなる
・気になって話題にし、誰かにおすすめしたくなる
・思わず、商品を買ってしまう
・読んでるうちにファンになってしまう

デジタル空間には、それができている発信者がいます。ユーザーの心に響き、

つながり、そして、その先でユーザーが動く。
そんな「つながる文章」には、**いくつかの大切なポイント**があります。

一点突破、ターゲットをしぼってそれ以外の人は読まなくてもいいくらい振りきる。

「それ、わかる！」と思わせるディテールをたっぷり用意する。

言いきり断定の〝目立った者勝ち〟ゲームから距離を置き、ユーザーが共感できるモヤモヤの余白をあえて残す。

4章は、こうした「ユーザーを動かす」文章のコツをご紹介します。

# ネタはユーザーから
# もらってしまう

ｗｉｔｈｎｅｗｓがスタート当初から大事にしてきたのが**「取材リクエスト」**です。何がニュースかをメディアだけが決めるのは、もう古い。ユーザーが気になったことなら、それもニュースだと受けとめ、記者がそれを取材する。

そうすることで、**ユーザーとつながることを目指した試み**でした。

取材リクエストの中には、ユニークなものも少なくありませんでした。

その一つが、普通の住宅街の中にあるロータリーの歴史について調べるという、なかなか、マニアックなものでした。

**「横浜の住宅街に『樹海』入り組んだ道路、謎のロータリー」（2015年5月14日配信／奥山晶二郎）**

横浜市港北区にある菊名駅から少し歩いたところの錦が丘周辺が「樹海」と呼ばれ

るほど複雑で、しかもそこには駅もないのにロータリーがあるという。その謎を解き明かしてほしいという内容でした。

菊名駅とは、都心へのアクセスもいい、商店街もある住みやすいエリア。しかし、このエリアに接点がなければ、「電車の通過駅のアナウンスで聞くところ」くらいです。そもそも、首都圏以外の人にはまったく想像がつかないでしょう。

そのため、菊名という地名を知らなくても満足できる内容にしなければいけません。そこで、記者が現場を歩いている途中、ロータリーが突然、現れて驚く様子を入れるなど、書き手が答えを見つけるまでをルポ風にまとめることにしました。イメージしたのは、テレビ番組の「探偵ナイトスクープ」です。

ちなみに、この記事、取材リクエストへの答えは「はっきりしたことはわかりません」でした。資料が残っていなくて確定的なことは言えなかったのです。

普通なら、記事化はあきらめるかもしれませんが、**逆に、それが大事なポイントになると思いました**。

なぜなら、**記事の核は、調べる過程そのものだから**。それに、「わからない」というオチは、ユーザーの想像の幅が広がる効果も期待できました。

取材リクエストに関わるなかで気づいたことがあります。

それは、**「なんか気になる」というユーザーの気持ちの大切さ**です。

日々の暮らしのほどよい刺激になり、彩りを与えてくれる。そういう「なんか気になる」ものは、確実にあります。

その人生の潤いのようなささいなユーザーの「なんか気になる」を受け取って、コンテンツとして発信する。

**コンテンツのネタは、自分で探さなくていい。ユーザーに見つけてもらっていい。**

むしろ、**ユーザーからもらったほうが双方向の要素が生まれ、結果、「つながる文章」**になるのです。

もし、個人や会社でSNSのアカウントを運用しているなら、テーマやネタ、エピソードをユーザーから募集してみるのもいいかもしれません。

＼まとめ／

**テーマはユーザーからもらっていい。**
**ユーザーの「なんか気になる」を受け取る**

●「取材リクエスト」はユーザーとつながるための試み

2015/05/12

**取材リクエスト内容**

菊名駅から少し歩いたところにある綿ヶ丘周辺は、一方通行＆細い道が入り組んでおり、一部住民の間では”樹海”と呼ばれています。中心にロータリーがあり、そこから放射状に道路が延びているのですが、綿ヶ丘の外に通じている道は非常に少ないので、知らない人が迷い込んだら脱出は困難だとか。。。なぜこんな複雑な形状になったのか知りたいです！

**パクチ子**

**記者がお答えします！**

横浜市の菊名駅の近くの住宅地「綿が丘」に突如、現れるロータリー。普通、ロータリーと言えば駅前にあるはずでは？　周りは一方通行の入り組んだエリアで「樹海」と呼ばれているらしい……。一体、どんな経緯で、こんな街になったのでしょうか？

# 企業プロモーションに最適。「地元ネタ」は参加しやすい

2章で、「地元ネタ」は、「読まれる」と言いました。

しかし、「地元ネタ」には「読まれる」だけではない、もう一つの強さがあります。

**「双方向性」という強さ**です。

**文章を読んだユーザーが、思わず何かを言いたくなるのです。**

もちろん、ユーザーが反応しやすいテーマは他にもたくさんあります。しかし、その中には、差別感情を煽ったり、誰かを攻撃したりといったネガティブなものも少なくありません。残念ながら、負の感情ほど人間を刺激するものはないからです。

でも、「地元ネタ」は無害です。

**無害なのに参加したくなる珍しい存在**です。

単に自分たちの生活を披露しているだけなので、炎上するリスクが少ないのです。

地元ネタの盛り上がりは、Twitterの大喜利に似ています。大喜利とは、何かしらのお題がハッシュタグとして広まり、さまざまなユーザーがネタを投稿する現象を指します。

例えば「深夜のエンジニアあるある」といったハッシュタグがお題として流通すると、エンジニアの当事者が、自虐的なネタを披露し合います。

たいていの場合、大喜利は自然発生的に生まれます。

ですが地元ネタは、自分で作り出すことが可能です。

つまり、**「ユーザーが参加してくれて、炎上しにくく、人為的に作り出しやすい」**。

こうしたことから、**企業のプロモーション施策と相性がいい**のです。

2021年にスターバックスが「日本上陸25周年」を記念して「47 JIMOTO フラペチーノ」を企画しました。

これは、スタバの人気メニューのフラペチーノを、47都道府県それぞれのご当地フレーバーとして、その地域限定で売り出すというものでした。

例えば、私の出身地である北海道は「北海道とうきびクリーミーフラペチーノ」、東京は「東京オリジンコーヒージェリーキャラメルフラペチーノ」です。

そして、これらはTwitterで「北海道なら別のフレーバーがあるはず」といった〝論争〟を巻き起こしました。

ただし、それは、炎上ではなく、ネタとしての〝論争〟です。そして、ユーザー自身が考える「ご当地フレーバー」で盛り上がるという現象が生まれました。

**地元ネタが珍しいのは、大喜利でありながら、ユーザーが気軽に参加できる点にあります。**「エンジニアあるある」はエンジニアじゃないと参加できませんが、「地元のナンバーワン特産品」は誰でも何かは言えます。どんな人にも地元はあるので、参加者がどんどん広がっていきます。

地元ネタは、分断が進む現代において、**共通の話題で盛り上がれる貴重なテーマ**なのです。

まとめ

無害で思わず参加したくなる
「地元ネタ」の巻き込み力はすごい

# 地味な話、よくある話を丁寧に描写する

・フォロワー数500の大学生が語るリモート授業の不満
・フォロワー数1000万を超えるインフルエンサーが結婚したニュース

この二つの記事があった場合、どちらが読まれるかと言えば、もちろん後者です。

じゃあ、フォロワーが多い人の話題ばかりを追いかければいいかというと、そんな簡単な話ではありません。

みんなが話題にするものは数字が期待できるため、たくさんのメディアが記事にします。そうなると、内容はほぼ同じなのに「発信元」だけが違うコンテンツが膨大に出回ることになり、「誰が書いたのか」は意識されなくなります。

**「発信元」がわからないコンテンツでは、ユーザーとつながることはできません。**

そう、**数字がとれるネタで、「つながる」記事を書くのは、けっこう難しい**のです。

さらにやっかいなのは、1000万ものフォロワーがいるインフルエンサーなら、自分のアカウントで発信したほうが強い。そうなると、すべて持っていかれます。

一方、「フォロワー数500の大学生が語るリモート授業の不満」ならどうでしょう。

地味です。**でも、地味だからこそ、自分にも起こりそうだと思ってもらえる。**インフルエンサーの話題より、そっちのほうが効果を発揮する場合があります。

さらに大事なポイントがあります。誰も取り上げないということです。誰も取り上げないため、デジタル空間で重要な希少性という武器を手に入れることができます。

とはいえ、地味で誰も取り上げない話題を、そのままコンテンツ化しても限界があります。**ちゃんと良さを引き出すには、押さえてほしいコツ**があります。

・徹底的にディテールを描写する。
・よくありそうな話だからといって話を省略しない。最初から最後まで全部、追いかける。
・目安として、3000文字くらいの文章にしてみる。

そうすることによって、コンテンツの質がガラッと変わります。

例えば、たった一人の女性の小学校時代の記憶を追ったこちらの記事。

**「いじめっ子が車いすユーザーに…今も消えない複雑な気持ち」（2022年4月16日配信／金澤ひかり）**

自分をいじめていた子が障がいを負って車いすを使うようになりますが、先生の指示でいじめっ子の世話をすることになったという女性の小学校時代の思い出です。**女性が感じたモヤモヤを、丁寧に取材をして記事にしました。**

いじめられていたときのエピソード。車いすになって現れたときの印象。先生から手伝いをお願いされたときの気持ち。先生に嫌だと伝えられなかった葛藤。女性は今もモヤモヤしたままで、気持ちを整理できずにいるという結論で記事は終わります。

もちろん、本人にとっては深刻な話です。しかし、これを理由に裁判になったり、学校生活を続けられないほどのストレスになったりしたわけではありません。外から見ると、世の中を揺るがす事態にはなっていない。

ところが、記事を配信すると、ものすごい人数に読まれ、SNSでもさまざまなコメントがついたのです。

**大事だったのは、女性の気持ちを丹念に再現したことでした。**

場面場面の描写が、いろんなユーザーにとっての「共感ポイント」になりました。ある人は、最初のいじめられたシーンに心が動かされたかもしれません。別の人は「車いす」という単語に反応したでしょう。先生とのやりとりに「自分も似たような体験をしたなあ」と思った人もいたはずです。


**「共感ポイント」がたくさんあり、かつ丁寧に描かれた文章には、思わずコメントしたり、シェアしたりしたくなる**のです。

自分にも起こりそうな話は、決して「よくある話」「ベタな話」で片付けられるものではありません。むしろ、**よくある話だからこそ丁寧に再現することで、「思わずコメントしたくなる」コンテンツになる**のです。

＼まとめ／

徹底的にディテールを描写する。

3000文字を目安に文章にする

## ターゲットをしぼったら、むしろ読者が広がった

前項の記事は、子どもの生きづらさに向き合った記事の特集「#withyou」シリーズの一つです。

「#withyou」シリーズを立ち上げた背景には、夏休みが終わって2学期が始まる9月1日前後に最悪の選択をしてしまう子どもの存在がありました。

学校生活になじめない子どもは、これまでも新聞でたくさん報道されてきました。それらの記事にはたいてい、末尾に相談窓口の連絡先が記されています。

そこに、企画の発案者である金澤ひかりさんは疑問を抱きました。その情報は本当に読まれていたのか。本当に当事者に届いていたのだろうか、と。

もしかしたら、当事者が欲している情報ではなかったかもしれない。書いている大人には伝わっていても、当事者の心にはそのメッセージが届いていなかったかもしれ

ない。

そこで「生きづらさを抱える10代」に役立つことだけを考えた「#withyou」をスタートさせました。

この企画は「**当事者以外には読んでもらわなくてもいい**」**と割りきっています**。

そのコンセプトを表す工夫の一つとして、記事の冒頭には、要点を3点にしぼって入れてみました。

その見出しは「全部読めなくてもいいです、これだけ覚えておいて」。

つらい思いをしている最中は、長い文章を全部読むことが難しいこともある。でも、当事者にこそ知ってほしいことがある。そう考えた発信側の工夫でした。

インタビューをさせてもらった方の一人、Twitterで20万以上のフォロワーがいるインフルエンサーで、10代からの質問に積極的に応じている、たらればさん(@tarareba722)の「これだけ覚えておいて」は左ページの3点でした。

シリーズの対象を「生きづらさを抱える10代」にしぼった結果、「#withyou」では、意外なことが起きました。当事者以外のユーザーからも注目されるようになったのです。

●たらればさんの「これだけ覚えておいて」

## 全部読めなくてもいいです、これだけ覚えておいて

**【たらればさんのメッセージ】**　この3点

- 学校に行けないのは、よくあること
- ツイッターとかSNSにどんどん逃げ込むべき
- しんどい時ほど規則正しい生活をしよう

たらればば
@tarareba722・フォローする

やめた。仕事してる場合じゃねーわ。というわけで出かけました。我が生涯に悔いない。出てきてよかった。

午後3:05・2018年3月25日

2,742　返信　共有

全文はコチラ☞

「生きづらさを抱えている10代」のまわりには、それを支えたいと思う人がいます。家族であったり、学校関係者であったり。あるいは、自分の子どもや、知り合いの子が当事者なのかもしれないと心配に思う人もいるでしょう。

**シリーズの方向性をしぼったことで、想定したユーザー以外の目に触れる機会が広がり、その結果、数字も伸び、さまざまな反響をもらうようになりました。**

このシリーズを「教育」という広いくくりにしていたら、思うような結果にはならなかったでしょう。

「教育」と言っても、その内容は保護者向けか、学校関係者向けか、それとも生徒向けかで全然、違います。

また、「生徒」にしぼったとしても、「受験勉強について調べている人」に「いじめ」に関する情報は必要ではありません。

受験勉強も、いじめの問題も、教育というジャンルの「生徒向け」という分類におさめることはできます。

でも、「とりあえず教育」というのは、ユーザーからすると幅が広すぎて、何を伝えたいのかわからなくなります。

何があるかわからないような情報に時間をさくほど、ユーザーは暇ではありません。

なので**「とりあえず教育」というくくりに、ユーザーのアンテナは反応しません。**

**「何でもある」ということはデジタル空間において「何にもない」と同じ意味**になってしまうのです。

だから「10代」、しかも「生きづらさを抱えている」としぼったことで、膨大なコンテンツの海の中で、読まれて、かつ、ターゲット層以外にもつながりが広がっていく文章になったのだと思います。

まとめ

「当事者以外読んでもらわなくていい」と割りきって
ターゲットや方向性をしぼってみる

# 関心がある人の「口コミ」の熱量を大事にする

忘れられないコンテンツを生み出したい。これには、発想の転換が必要です。そのために、あえて、読んでもらう「場面」をしぼるのもありです。

ｗｉｔｈｎｅｗｓの連載に「ＳＤＧｓ最初の一歩」というシリーズがあります。身近な出来事を通じて「自分ごと」としてＳＤＧｓを考えるきっかけになるような記事を集めた企画です。

この連載、もちろん、いくつかヒット記事もあるものの、他の記事に比べると数字はおとなしめです。実は、そのことは、始める前からわかっていました。

ＳＤＧｓはどうしても話が大きくなってしまいます。「世界レベル」のことについて、「何十年も先の未来」を考えるからです。

**個人の生活範囲を超えたところの出来事が多く「自分ごと化」しにくい**のです。

**SDGｓをテーマに大きな数字を狙うのは正直、難易度が高い。**それでも数字を求めようとすると、内容とかけ離れたタイトルをつけたり、クリックだけを狙った写真を使ったり。残念なテクニックに頼りがちです。そんな手法をとることはできません。

では、なぜ数字を期待できない連載をスタートさせたのか。

**SDGｓに関心のある人の間では、長いスパンで、確実に読まれて、忘れられない連載になると思ったから**です。

この連載の中で話題となったものに、「SDGｓとガンダムの世界観」について書いたコンテンツがあります。

**『ガンダムに出てきそうな演説』SDGｓ宣言、アーティストが読んでみた」（2021年6月21日配信／木村充慶）**

SDGｓが目指す思想が書かれたSDGｓの宣言文。そのまま読むと難しいですが、大切な言葉のかたまりです。この宣言文の内容を、現代アーティスト・キュンチョメさんはインタビューの中で「ガンダムの演説のよう」と言いました。

記事で取り上げた「ＳＤＧｓ」と「ガンダム」は、ありそうでなかった組み合わせです。ＳＤＧｓに関心のある人は確実に反応します。そして、**実際、「こんな記事があるよ」とSDGsのコミュニティーに広めてくれました。**

さらに、ガンダムの声優である高橋理恵子さんに、ＳＤＧｓの宣言文を読んでもらうという記事も配信しました。

**「ガンダム声優が読む『SDGs前文』 高橋理恵子さんが見つけた共通点」（2021年12月13日配信／木村充慶）**

ただし、この企画、主役は音声です。文字メインのｗｉｔｈｎｅｗｓとは相性がいいとは言えません。

ｗｉｔｈｎｅｗｓの記事は、Ｙａｈｏｏ！ニュースで拡散することが多いのですが、Ｙａｈｏｏ！ニュースに音声をつけることはできないからです。

それでも、形にしようと思ったのは、もう一つのチャンネルがあると考えたからです。

それが、**SDGsに関心のあるコミュニティー内での「口コミ」**です。

ＳＤＧｓに関心のある人にとって、本物のガンダムの声優を呼んでスタジオで収録

●「ガンダム声優が読む『SDGs前文』 高橋理恵子さんが見つけた共通点」（2021年12月13日配信／木村充慶）より抜粋

【動画】ガンダム風に〝超訳〟した「SDGs前文」を朗読する高橋理恵子さん。『∀ガンダム』でキエルハイムの声優をつとめた

キュンチョメさんが「超訳」した前文に声を吹き込むのは、『∀ガンダム』で中心的な人物であるキエルハイム役を演じた高橋理恵子さんです。

『∀ガンダム』は遠い未来、かつて繁栄した文明が荒廃した世界が舞台です。月に逃れた高度な技術を持つ人間と、荒廃した社会から再び立ち上がった人間たちとの争いと交流が描かれています。どんなに発達した科学技術を持っていても戦争は起こり、核爆弾まで使用されてしまう。貧困やジェンダーなど様々な社会問題がちりばめられ、未来の地球を通して現代の SDGs そのものといえるテーマを描いています。

『∀ガンダム』の重要シーンに、争いが避けられない人間同士をつなげるためキエルハイムが演説する「建国宣言」があります。アニメ本編の演説シーンで使われた音楽を BGM に、高橋さんが SDGs 前文超訳音声コンテンツを読み上げます。

全文はコチラ☞

までしてしまうメディアの存在は珍しかったはずです。**短期的に大きな数字を獲得するわけではありませんが、SDGsに関心のある人の心にwithnewsの印象は強く残ります。**

そうやって、**熱量の強い輪を少しずつ広げていくつながり方**があってもいいと考えました。最初の数は少ないかもしれないけれど、熱量の高い人を意識する。そういう作戦だったのです。

予想どおり、SNSでの反応は上々でした。

SDGsに仕事で関わっている人、発信しなければいけない人を中心に、SDGsに関心のある人に届くコンテンツになっていきました。

＼まとめ／

短期的な大きな数字は狙わない。
関心のある人の口コミを狙う

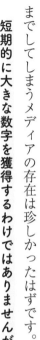

## 読まれる量は少なくとも、別の仕事につながる文章

今の時代、企業も社会課題に向き合わなければいけないフェーズに入っています。withnewsでも、CSR（企業の社会的責任）や、SDGsをテーマにした広告について相談されることがたびたびありました。

その時、打ち合わせの場で「SDGs最初の一歩」の説明をしました。そうすると、多くの企業の担当者は、興味を示して聞いてくれるのです。

なぜなら、数あるSDGsの企画の中でも、withnewsらしいアプローチを形にしている「SDGs最初の一歩」は、希少性が高かったからです。ガンダムとSDGsの宣言文も、興味をもって話を聞いてくれる人がたくさんいました。

結果、いくつかの社会課題に向き合うプロモーション活動を、withnewsが

手がけることにもつながりました。

**記事を読んでもらうだけではない、別の活動やビジネスにつながるきっかけとしても、「SDGs最初の一歩」は機能した**のです。

デジタル空間では拡散して多くの人に読まれたとは言いがたいけど、わかる人たちには確実に届いて心に響くコンテンツを作る。そのためには、数字狙いの小手先ではなく、しっかりと内容を理解して丁寧に作る。

そうすることで、デジタル空間以外の場でも、その魅力を伝える機会を生むことができるのです。

読まれる量だけがすべてではない。

いろんなつながり方を考えていく。

**そのテーマに関心のある人たちだけにつながる文章を書いてもいい。**

そして、たとえデジタル空間では読まれなかったとしても、会って、口頭で伝えられる場面があるなら、そうしてもいい。

**大事なのは、つながる先を戦略的に考えること。**

その結果、発信元の存在自体を知ってもらい、息の長い付き合いを続けていけます。日々、膨大な情報が飛び交うデジタル空間においても、そんなつながり方はできるのです。

＼まとめ／

読まれる「量」よりも「質」。
そのテーマに関心のある人だけに向けて書くのもアリ

## マニアの世界を追求する

withnewsで力を入れてきたのが**マニアの世界**です。

特定のジャンルに人生を賭けている人を取り上げる「教えて！マニアさん」は人気シリーズとして多くの人に読まれてきました。

ほとんどが、たいていの人はそこまでのめり込まない、かなりのマニアックな世界です。でも、このシリーズはすごく読まれたのです。

例えば、観光地で見かける顔ハメパネルについて、約３０００もの種類に出合ってきたマニアを取材したこの記事。

**「『顔ハメ』マニア語る『こんなパネルは惜しい』　5つの特徴があった」（2018年5月26日配信／湊彬子）**

顔ハメパネルを単に紹介するだけでなく、マニアとしての知識量を生かした「惜しい」顔ハメパネルの解説記事に仕立てています。

例えば「穴が大きい」と顔の〝演技〟がしにくくて、写真に撮っても面白くない、「人通りが多い」場所だと、人がいなくなるのを待つまでの間が恥ずかしいなどです。
また、マニアの世界と地域性を結びつけて多くの人に読まれたのがこちらの記事です。

**「『世界に3台しかないエスカレーター』名古屋に！マニア喜ぶ『秘境』」（2018年9月6日配信／山下奈緒子）**

エスカレーターの魅力にとりつかれたマニアが、名古屋にある「世界に3台しかない」という「垂直落下タイプ」について解説しています。

あるいは、片方だけになって路上に落ちている「片手袋」を15年間で5千種類撮影したマニアを取り上げた記事もあります。

**「片手袋研究家の『楽しい呪い』15年で5千種類、見つけたら絶対撮影」（2020年5月14日配信／野口みな子）**

一見、どんな意味があるのかわからない「片手袋」の世界。しかし、落ちていたシチュエーションから手袋がたどったストーリーが見えてくるというマニアの思いが紹介されます。

このように、対象を極端にしぼったマニアの世界は、普通の人にはとっつきにくいように見えて、**その熱量がユーザーとつながる突破口**として作用してくれます。マニアの存在をSNSで話題にし、その投稿に別のユーザーが感想を寄せる。そんなムーブメントが起きることは多々ありました。

反応する人が、そのテーマに詳しいわけではありません。それなのに、**たくさんの人が集まり、つながるきっかけになるという逆転現象が生まれる**のです。

その理由の一つが〝無心さ〟です。**一つのことを追いかけるマニアの無邪気な姿が、絶妙なゆるさと尊敬がない交ぜになった感情を呼び起こす。**そしてSNSでの拡散につながるのです。

マニアは、どんなところにもいます。身近にもいるかもしれないその人の熱量を通して届けられるメッセージは、けっこうたくさんあると思っています。

＼まとめ／

特定のジャンルに人生を賭けているマニア。
身近にマニアがいないか探してみる

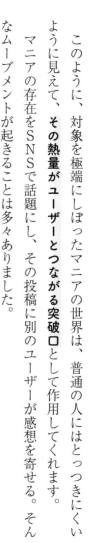

## 結論を押しつけないほうが、ユーザーは参加しやすい

ウェブメディアをやっていると、たまに、ありえない数字の「爆ビュー」を経験することがあります。見たこともない数字が表示され、どんどんユーザーが増えていき、Ｔｗｉｔｔｅｒのシェアが止まらない。

これはこれで目指すべきゴールではありますが、**そういうわかりやすい結果ではないけれど、すごく印象に残る記事や企画があるのも事実**です。

結果、企画をまとめて書籍にしたいというオファーをもらったり、担当者にイベント出演の依頼が来たり、プラットフォーム側から一緒に企画をしませんかと誘われたり。そういう反応は「爆ビュー」に勝るとも劣らないうれしい成果だと言えます。

ｗｉｔｈｎｅｗｓでも、そんな企画はいくつか生み出すことができたのですが、その筆頭とも言えるのが「平成家族」です。

平成の30年間を振り返り、人びとの価値観の変化に迫った連載です。「平成家族」でよく取り上げたのは、育児に向き合う男性のリアルな姿。例えば、育児参加を前にモヤモヤしている男性を取り上げたこの記事です。

**「退社時間早まったのに『足が家に向かない』 増える『フラリーマン』」（2018年1月3日配信／山内深紗子、中井なつみ）**

子育てに参加できるよう早めに退社できる会社の制度を使ったのに、家には帰らずファミレスで時間をつぶす男性、通称「フラリーマン」の実態を伝えています。家事が不慣れなため、妻から「タオル、たたみ方がまた違うよ」といった注意をされ、それがストレスとなり、帰宅したくなくなってしまったという本音を紹介しています。

男性の子育てが広がる一方、育児に参加できる時間が十分とは言えない。男性たちの職場の意識も急には変わらない。

結果、依然として母親中心の状態が変わっていない問題が背景にありました。

もちろん、フラリーマンの男性は自分の行動に非があることは自覚しています。わかっているのに、やめられない。煮えきらない気持ちがリアルです。

従来のアプローチなら、仕事も育児も完璧にこなす夫婦のモデルケースを伝え、そこからユーザーがまねできるメソッドを紹介するのが一般的な書き方だったでしょう。

あるいは、夫婦間の摩擦が離婚のような事態に発展した事例から、そうならないための解決策を探るという伝え方になるかもしれません。

しかし、記事では、**フラリーマンの男性を否定も肯定もせず、ただ、そのモヤモヤした姿をそのまま伝えています**。

結果、理想の姿や最悪のケースがなくても、記事の背景にある問題を自分ごととして受けとめてもらえたのだと思います。

デジタル空間では、無条件で賛同を得やすい正解が語られがちです。

ズバッとした意見を言う人が目立ち、何かを断定する投稿が多くの反応を集めます。

デジタル空間では、断定調の文章はわかりやすく拡散もしやすいのは事実です。

**でも、多くの人は、それほど極端な考えをもって生活しているわけではありません。**

**むしろ、どっちつかずの中にいるはずです。**

だったら、**その「わかりにくさ」をそのまま発信してしまえばいい。**

むしろ、そっちのほうが現実感があって、文章を超えて、デジタル空間を超えて、「つながり」に発展することが多いのだと思います。

**モヤモヤによって「私はこう思う」「私はこう感じる」といったユーザーの気持ちの入り込む余地が生まれる。**

そして、それを発信したくなる。

わかりやすい結論に偏りがちなデジタル空間だからこそ、日常に寄り添う中で見つけたモヤモヤが輝くのです。

／まとめ＼

否定も肯定もしない文章だから
ユーザーの気持ちの入り込む余地がある

●「退社時間早まったのに『足が家に向かない』 増える『フラリーマン』」（2018年1月3日配信／山内深紗子、中井なつみ）より抜粋

男性も一昨年、妻の職場復帰を機に3カ月間の育児休業を取った。その間の体験が、フラリーマンへと導いた。

## 家事能力の低さに、妻から容赦ない指摘

掃除や食器洗いは普通にできたが、料理やアイロンがけ、洗濯がなかなかうまくできなかった。最初は優しく教えてくれた妻も、忙しさが重なるようになると、容赦ない指摘が飛んできた。

「このタオル、たたみ方がまた違うよ」
「食器は棚の定位置に戻して」
「観察力、なさすぎだよね」

一言一言が胸に突き刺さり、「自分の家事能力の低さに心が折れる日々だった」と振り返る。思えば、母親は専業主婦で、何でも自分でやっていた。

「不器用な僕のために何でもやってくれて感謝ですが、今の時代では、むしろ『ああ母さんよ、なぜ……』と言いたくなるんです」

自分の家事能力不足を認めながら、週末には家の片付けやごみ捨てなどを積極的に担ってきたつもりだ。それでも、今も妻から「違うよ」「ほんとうに学習できないね」というダメ出しがあり、落ち込んだり、腹が立ったりもする。

確かに妻の方が手早くて正確だし、子どもの扱いにも慣れていると思う。だから、表だってけんかはしない。衝突すれば、かえってしんどくなる。自分が我慢すればいい。

全文はコチラ☞

# 「一緒に悩む」「一人じゃない」というスタンスをとる

「平成家族」の後継シリーズに、男性の育児参加を取り上げた「父親のモヤモヤ」がありります。これは、まさに「煮えきらなさ」「わかりにくさ」を大事にした企画になります。

「父親のモヤモヤ」シリーズの中心メンバーである高橋健次郎さんは、自身の悩みに重ねながら、世の中のモヤモヤを伝える記事も書いています。

**「イクメンの日に考える『育児と男性性』 仕事と家庭の葛藤、語る意味」（2020年10月19日配信／高橋健次郎）**

高橋さんは子育てを妻に任せてしまっていたという自身のモヤモヤを率直に吐露しています。これは、一人の生活者としての反省です。

正解はわかっているけど、それができない事情がある。そのモヤモヤに真正面から向き合う。そんな企画の柱を象徴する記事になっています。

記事では、「父親のモヤモヤ」シリーズを100本以上書いてきたなかで、高橋さんが気づいた「一人じゃない」という思いを言葉にしています。

普通の人の日常は、白黒はっきりつけられない悩みが常につきまとっています。だからこそ高橋さんの正解と現実の間で揺れる気持ちは、まねできない理想の夫婦よりもユーザーの心に響きます。

大事件ではないけれど、ありふれたモヤモヤエピソードは、ユーザーとの距離を縮めてくれるのです。

「父親のモヤモヤ」の中でも、とくに反響が大きかった高橋さんの記事があります。

**「男性部下の育休申請に『あっちで話そうか…』〝神〟上司の対応に称賛」（2022年6月22日配信／高橋健次郎）**

記事に書かれているのは、育休をもっととるべきだと提案する、部下を気遣う上司の姿です。ネガティブなことを言われると思ったら、逆の言葉だったことを「神対応」として伝えています。

しかし、上司の提案に対して、部下とその妻は最終的に辞退をします。理由は、育体を増やすと給料が減ってしまうから。

結論は変わらなかったけれど、上司とのやりとりによって生まれた安心感はあった。それが記事の伝えたかったことです。

これらは、自分の会社にもありそうなエピソードです。

世の中を導くモデルケースではないかもしれない。でも、「上から目線」で結論を押しつけるわけではなく。同じ立場で、一緒に悩もうとする姿勢が伝わってきます。

**まさに「一人じゃない」という思いが現れています。**

そういう発信する側のスタンスは、**ユーザーが「自分ならどうするか」を考えるきっかけになってくれます。**

＼まとめ／

**悩みや揺れる気持ちを出す。**

**一緒に悩もうとする姿勢でいる**

# 「知りたい」の次には「支えたい」がくる

ユーザーの参加は、戦争というハードなテーマでも起きることがあります。

2022年3月15日、朽木誠一郎さんはAirbnb（エアビーアンドビー＝エアビー）の意外な使い方を紹介する記事を書きました。

**「エアビー『空予約』でウクライナ支援　戦禍のホストからメッセージ」（2022年3月15日配信／朽木誠一郎）**

民泊のサービスとして知られるエアビーですが、ロシアによるウクライナ侵攻後、思ってもみない使われ方をしました。ウクライナの民家に宿泊予約をし、実際は宿泊せずにお金だけ払うユーザーが続出します。つまり、寄付の手段となったのです。

この記事を書くことになったきっかけは単純です。ググったからです。

Google の検索に「ウクライナ侵攻」と入れると、関連のワードが出てきます。**そ**

**の中にあった「寄付」「支援」という言葉が気づきになりました。**

ロシア侵攻から1カ月も経っていない状況でしたが、ユーザーは最新の戦況を「知る」だけでなく、自分がウクライナの人たちに対して「何かしてあげたい」と考えるようになっていました。

コンテンツは、まず読んでもらうのが大事です。でも、ユーザーとのつながりを考えたら、それだけで満足していてはいけません。**寄付は、究極のユーザーの参加のような行為**です。ユーザーがもっている気持ちをこうした形でカバーすることも、つながることなのだと実感しました。


インターネットで成長しているサービスを見渡すと、**ユーザーの参加を柱にしているもの**が少なくありません。

その一つが、クラウドファンディングのMakuake（マクアケ）です。

クラウドファンディングには、銀行や投資家ではなく市井《しせい》の人々から資金を募ることで、草の根的な取り組みを実現させる、というイメージがあります。

しかし、Makuakeを見てみると、自己資金が潤沢にありそうな大手メーカーのプロジェクトも見かけます。応援した人は特別価格で買える特典がつくものが多いですが、実態としては通販のようなものです。

しかし、Makuake は決して通販ではありません。その違いは、**「参加感」の有無**です。

Makuake で多くの金額を集めているプロジェクト紹介には、商品を開発することになったきっかけや、開発者の思い、商品を通じて実現したい世の中についてまで、濃密な情報が詰め込まれています。商品の機能説明だけで終わるものは、まず、ありません。

応援するユーザーは、製品の背景にあるさまざまな情報を読んで判断しています。**機能や値段だけでは心が動かないユーザーも、開発者の思いに触れることで「購入」という形で参加する気持ちになる**のです。

まとめ

**つながる文章には**
**ユーザーの「参加感」がある**

# 買いたくなる「物語」がそこにあるか

「つながる文章」の先に、「買う」がある。

自社製品や自分の作品、自分の仕事につながって「買う」にまで結びついてくれたら、うれしいものです。それ以上のつながりはないともいえます。

ここで重要な役割を果たすのが**「物語」**だと思います。

目の前に起こることを細かくつづるだけでなく、そこに関わる人たちの思いをコンテンツに盛り込んでいく。

そうすることで、思わず商品が欲しくなる、書いているものと同じものを手元に置いておきたくなる、その商品の良さを他にもアピールしたくなる。ユーザーの、そんな行動につながるのです。

例えば、在庫を抱えて困っている印刷所に起きた出来事を取り上げた、こちらの記事です。

『「おじいちゃんのノート」注文殺到　孫のツイッター、奇跡生んだ偶然』（2016年1月5日配信／若松真平）

記事では、小さな印刷所が手作りしている「方眼ノート」の在庫が数千冊もあったのが、印刷所の社長の孫娘のツイートによって一気に注文が入ったことを伝えています。

孫娘がツイッターに投稿した内容は「うちのおじいちゃんのノート、費用がないから宣伝できないみたい。Ｔｗｉｔｔｅｒの力を借りる」というもの。

もともと、方眼ノートは「水平に開く」という他の商品にはない強みがありました。水平に開くと、コピーやスキャンがしやすい、見開きのギリギリまで書き込めるという利点があります。この製造方法で特許をとっています。でも、売れてなかった。ところが、孫娘のツイートによって「方眼ノート」は売り切れに。その経緯を若松真平さんが記事にして伝えたのです。

若松さんは最後にこんな呼びかけも入れています。

〈突然の発注を喜びつつも、社長の中村さんは先を見据えています。「私たち2人の目が黒いうちは作り続けます、でも限界があります。この技術を受け継いでくれる会社が現れて、一人でも多くの人にノートを使ってもらえたら、というのが私の願いです」〉

すると、新たな展開が起きました。withnews編集部に電話がきたのです。連絡してきたのは、「ジャポニカ学習帳」で知られるショウワノートの開発部の担当者。記事で取り上げた印刷所を紹介してほしいという内容でした。

それから、ショウワノートの担当者は何度も印刷所に通い、ついに製品化されるまでになります。

完成した商品は子ども向け学習帳で、「水平開きノート」と命名されました。

記事では、ツイッターのやりとりを紹介するだけでなく、印刷所が家族4人でこじんまりとやっていることや、方眼ノートが生まれるきっかけ、方眼ノートの商品としての良さをしっかりと伝えています。

印象的なのが、「使ってもらえば、良さがわかってもらえるのに」と、社長が売れ残ったノートの在庫を見て罪悪感を感じる場面です。
「学校の友達にあげてくれ」とおじいちゃんからもらったものの、孫娘が「学校じゃ、あんまりノート使う人いないしなー。そうだツイッターでやりとりしてる絵描きさんとか喜ぶかも」と、ツイートした背景についても書いています。

こうした「物語」を大事にしたことで、記事がたくさんの人に伝わり、それが消費者だけでなくメーカーまで動かしてしまうという珍しい事例になりました。

＼まとめ／

**ユーザーを動かす文章には「物語」がある。**
**事実だけでなく、人の「思い」を丁寧に書き出す**

## 「双方向」で物語を作るとつながりは太くなる

前項の若松さんが立ち上げた企画の一つに、朝日新聞デジタルの「声をたどって」があります。

これは、朝日新聞の投書欄「声」に投稿し、紙面に掲載された人のエピソードを、記者があらためて取材をして、ウェブ記事にするというものです。

もちろん、新聞の投書欄に載った文章ですから、それ自体がコンテンツとして成り立っています。

ただ、投書した人にあらためて記者が取材をすることで、さらにたくさんの物語が見えてくるものもあります。

そうして**引き出された物語は、どれも大きな反響を呼びました。**「声をたどって」は、有料会員サービスである朝日新聞デジタルにおいて、**最も会員登録を成し遂げた**

**企画の一つ**になったのです。

連載初回に取り上げたのは、新型コロナウイルスで学校が休校になった孫のため「じいちゃん塾」を開校した祖父母です。朝日新聞の紙面「声」欄には、9歳の孫が詠んだ「コロナたち　世界をこわすはいえんだ　学校休み　つまらないひび」に胸を痛めた祖父母が「先生」となり、ドリルの採点をしたり、手作りの「給食」を食べたりして過ごした日々が掲載されました。

その祖父母に記者が取材して書かれたウェブ記事がこちらです。

**「『死なないで。』号泣しちゃう』　休校中の孫と〝塾〟開校」（2020年4月6日公開／若松真平）**

ウェブ記事では投書欄に載らなかった孫の言葉を取り上げています。「じいちゃん・ばあちゃんが死んだら1週間は号泣しちゃう。だから死なないでね」孫の心境の変化をとらえた言葉を入れたことで、新聞の投書とは別の魅力あるウェブ記事になりました。

元となる投稿を新聞に送ったのは、祖母です。でも、祖父母を思う孫の言葉は、なかなか祖母自身は紹介しにくいもの。でも、記者は違います。孫の祖父母を思う言葉をしっかりと取り上げることができます。こうしたお互いの思いをすくい上げることで、ささやかな出来事の魅力が何倍も増す物語となりました。

同じ「声をたどって」シリーズの中でも、少しドキッとするタイトルで話題を集めたのが次の記事です。

**「小1はハサミを握った　左ほおのホクロ、取ろうと決めて」（2021年4月8日公開／若松真平）**

このウェブ記事を取材するきっかけになった朝日新聞「声」の投稿のタイトルは、「ホクロを笑いものにしないで」。投稿主は、70代の女性です。投稿は、ホクロを理由に転校先の小学校でからかわれた息子が、はさみでホクロを取ろうとし、それを慌てて止めたことを振り返る投書でした。悩む息子に投稿主は、ホクロが「幸運を呼ぶかもしれない」という言葉を伝えます。以来、「取りたい」と言うことはなくなったというところで投書は終わっています。

ウェブ記事で描いたのは「その後」です。

成長して高校生になったときのこと。息子は、テレビに出た歌手の沢田研二さんのホクロを見て「ボクと同じだ」と言いました。

投稿主は、「自分から口に出せるくらいになった」と安心したそうです。

そして、「あんたも有名になるかもよ」と返しました。

さらに時が経ち、今、「有名人にはならなかったが、社会の役に立つ仕事」をしている息子。その姿を見た投稿主は、ホクロが幸運を呼んでくれたと思い返します。

デジタル空間のコンテンツは、基本、「無料」です。その中で、有料会員になってもらうのは至難の業です。たいていのウェブ記事は、「読まれて終わり」です。けれども若松さんのウェブ記事は、そのハードルを乗り越え、「毎月一定額を払ってもらう」有料会員登録という行動に結びついています。

それができるのは、ユーザーと書き手との間に「つながり」が生まれているからです。

新聞投稿のような「**当事者による発信**」は、**強い説得力があり、デジタル空間で拡散しやすい存在感**があります。

一方で、**当事者では言いにくかったり、気づいていなかったりするものがある**のも事実です。

当事者ではない書き手が、当事者の発信を受けて、言いにくかったことや気づいてないことを返す。そうした双方向のやりとりから生まれる「物語」が「読まれる先」の行動につながるのでしょう。

この「声をたどって」は、**読者と記者のコラボレーションが新たな価値を生んだシリーズ**になったと思っています。

＼まとめ／

ユーザーと書き手のやりとりで物語を作ると
つながりが大きくなる

# 5章

# 炎上やアンチとも うまくやっていく

# 熱量の高いネガティブな意見を目立たせないようにするために

編集長時代、朝、起きてまずしたのは、炎上チェックでした。

Yahoo!ニュースになった記事のコメント欄が荒れていないか。

Twitterでものすごく批判されていないか。

取材先の人が自分のSNSで記事の不満を言っていないか。

会社に間違いを指摘するメールが届いていないか。

炎上していることがあれば、「ああ、どうしたものか……」と胸がキュッと痛んだものです。

時には、ベッドの中から、対応を指示することもありました。


炎上には、8年間、ずっと向き合ってきました。

なぜ炎上は起きるのか。

一人の書き手として、あるいは編集長として炎上に関わるなかでわかってきたことがあります。

それは、「**立ち位置の違い**」です。

ある立ち位置から見ると問題ないことでも、別の立ち位置から考えると批判の対象になるのです。

そして難しいのが、たいていの場合、書いている文章のテーマ自体に間違いはないということ。

例えば「ベビーカーのママが公共交通で困っている」。たしかにそれは事実で、そこは批判されないけれど、「周囲の人への配慮がない」と、その書き方が批判される。

夫婦別姓を選びたい人がいる。その気持ち自体は否定されないけど、「みんながその生き方をしたいわけではない」と反発される。

なぜ、そう受け取ってしまうのか……と、思うこともありましたが、これぱっかりは人によって違う。**そういう構図がある以上、炎上自体をなくすことは、残念ながら難しい。**

**どんな出来事にも、別の立場からの考えがあるから**です。

一方で、過激な書き込みをする炎上の参加者の人数は、インターネットユーザーの1％以下という調査結果があります。デジタル空間で受ける印象よりもかなり少ない。

それなのに、なぜ炎上を気にしてしまうかというと、**熱量の高いネガティブなコメントほど目立ってしまうデジタル空間の特性があるから**です。

**極端な意見が可視化されやすい世界**なのです。

ユーザーの視点に立てば、本体の文章と同じくらいの存在として、ネガティブなコメントが目に入る構造になっています。その影響は少なくありません。

企業の担当者なら、自社の情報と一緒にネガティブなコメントがセットで表示されるのは、悩ましい問題です。

だから当然、炎上に対して気をつかわざるをえません。

5章では、8年にわたって炎上を気にしながら、時におびえながら見つけた、「防げたかもしれない炎上の特徴」や、「反対意見があることがわかったうえでの発信」、「言いにくいことを発信する際に気をつけたいこと」を紹介していきます。

# 「伝える内容」よりも「伝え方」に気をつける

**怒ったときほど謙虚になろう。**

**この人生訓のような教えは、デジタル空間でこそ大事にするべき姿勢**です。

理不尽な扱いや、明らかに迷惑をかけられたとき、強い言葉で相手を非難してしまいたくなるかもしれません。

でも、そんなときこそ、まったく逆の態度をとることを考えてみてください。

そのことによって、何倍ものメリットを得るチャンスに変えられるからです。

尾道のロープウェイで起きた「謙虚な反論」は、デジタル空間での上手な対応として、記事にさせてもらいました。

**「『人が多い』怒鳴られた尾道のロープウェイ〝謙虚な反論〟共感呼ぶ」（2020年9月21日配信／北林慎也）**

●「『人が多い』怒鳴られた尾道のロープウェイ〝謙虚な反論〟共感呼ぶ」（2020年9月21日配信／北林慎也）より抜粋

そんな矢先に襲ったコロナ禍で、千光寺山ロープウェイは4月14日～5月17日に運休。入念な感染防止策を取ったうえで運行を再開していました。

そして、反響を呼んだ公式ツイッター（@Senkoji_Ropeway）による嘆きのつぶやきは、9月19日の夕方に投稿されました。


〈誘導している誘導員に「このご時世なのに人が多い」と怒鳴った人がいたようです。

誘導員に怒鳴ったら人が少なくなるとお思いなんでしょうか。

千光寺山は歩いて登れる山です。地図も置いていますのでぜひ道をお尋ねください。〉

（中略）

そしてその後、「中の人」は誘導員のフォローと、他の乗客への感謝の気持ちを連投します。


〈怒鳴られた誘導員は、涙声で報告してくれました。一生懸命に、お客様を笑顔で迎えてくれる子です。

ロープウェイも、定員を減員しているため運行数が多くなっております。行列解消のため、常に臨時便で出発していることもあります。ご理解とご協力をお願いいたします。〉

〈すみません、少し感情的になってしまいました。声を震わせて報告をしてくれた誘導員の子は理不尽で怖い想いをしたと思います。怒らずとも伝えられることはあるはずです。

ほとんどのお客様は、ありがとうと言ってくださったり、大変だね、と声をかけてくださいます。いつもありがとうございます。〉

これらの率直な弁明に対しては、「スタッフを守ろうとする姿勢が素敵」「誘導員さんの心のケアをお願いします」といった励ましの声が多く寄せられました。

全文はコチラ☞

新型コロナウイルスの感染拡大が心配されるなか、ある観光客が誘導員に対して「人が多い」という苦情をぶつけました。

この、ある種、理不尽な行動に「千光寺山ロープウェイ」公式Ｔｗｉｔｔｅｒの「中の人」は最初、「誘導員に怒鳴ったら人が少なくなるとお思いなんでしょうか」と反論します。

しかし、その後、「中の人」は「すみません、少し感情的になってしまいました」と補足のツイートをします。その中で、感情的になった理由として、誘導員が涙声で報告を上げてくれたことを説明しました。

クレーマーの理不尽な行動はバズりやすいネタの一つです。

一方で、誰かを悪者にしてしまうことに後味の悪さが残ります。さらに、ユーザーの反応が暴走すると、個人を特定して攻撃してしまうことにもなりかねません。

「中の人」が投稿した補足ツイートは、そのような**暴走リスクの芽を摘み取りつつ、メンバーを大事にするチームの雰囲気へと転換**しています。

結果、ユーザーからのリアクションは「千光寺山ロープウェイ」への賛辞であふれかえりました。

たしかに、批判したり、反論したりしてもいいかもしれない。でもそんな時でも「申し訳ない」という気持ちを出して、「もしよかったら、こういう立場の意見も聞いてほしい」くらいのトーンで伝える。

そうした「謙虚な姿勢」の書きぶりが成功したといえるでしょう。

これは、Ｔｗｉｔｔｅｒですが、ｎｏｔｅやブログ、ウェブ記事でも同様です。「炎上」の多くは、書かれている内容に問題があるわけではありません。**「伝え方」に問題があるケースがほとんど**です。

ネット炎上を研究している国際大グローバル・コミュニケーションセンター准教授山口真一さんは、批判や非難をしたいときの「書きぶり」「伝え方」について、このように言っています（「車いす『乗車拒否』ブログはなぜ『炎上』したか　沈黙する中庸な意見」２０２１年４月21日配信／水野梓）。

・訴えたいことを、その背景から丁寧に書く。

・批判の対象となってしまう人の立場もある程度、考慮する。

こうした書き方をすることで、受けとめ方はけっこう変わってきます。

批判したいことがあった場合でも、批判を前面に出してしまうと、炎上する可能性が高くなる。それでは、訴えたいことが上手に伝わりません。

自分の主張を、なるべく自分が望む形で届けたいのなら、「書きぶり」にも気をつけないといけないのです。

これは、リアルの世界でも同じではないでしょうか。

「批判している内容は理解できる。でも、その言い方はよくない」

そういうやりとりは、よくありそうです。

**批判や怒りの感情そのままを伝えてしまうと、反発を生みやすい。**

これが、「防げたかもしれない炎上」の特徴だと言えます。

まとめ

**怒ったときほど逆の態度、「謙虚な姿勢」で書いてみる**

# 知っているからといって、ひけらかさない

コンテンツを扱うとき、生まれてしまうのが「正しい側／間違っている側」「知っている側／知らない側」という非対称の関係です。

発信する側の立場が強いときほど、相手を攻撃しがちです。「正しい側」「知っている側」が強くなるのです。しかし、それでは相手を打ち負かすことはできてもユーザーとつながることはできません。

そのことを私に教えてくれたツイートのまとめがあります。(https://togetter.com/li/1621018)

きっかけになったのは2020年11月8日に投稿された、柔術の試合の様子を撮影した1本の動画です。

動画には、絞め技によって失神した選手が、意識を取り戻した瞬間、審判を対戦相

手だと勘違いして飛びかかる様子がおさめられていました。

その「闘争本能」に感嘆の声が上がる一方、柔術経験者からは「自分もなったことがある」という声が寄せられました。

そして、投稿から4時間後、なんと「動画アップありがとうございます」と、失神した選手本人からリプライがあったのです。

その後は、試合について本人の振り返りとともに「レフリーにタックルするとか……ですよね、恥ずかしい限りです。もっと精進していきます！」など、選手からの前向きな発言が続きました。

この謙虚で心地よいやりとり。

柔術に詳しくないユーザーにとって、これほど高感度の高い反応はなかったはずです。

Ｔｗｉｔｔｅｒでのやりとりが業界団体のどんな施策よりも柔術の認知度と好感度を上げたことは間違いありません。

しかし、一歩間違うと、残念な負のスパイラルになっていた可能性もあります。

例えば、柔術関係者が「こんなのよくあることなのに騒ぐとか意味わかんない」などと割り込んできたら、その態度に対する反発が起きたはずです。

逆に謙虚さを上手に発揮できれば、ネガティブな出来事も、ユーザーとのつながりに変えることができます。


デジタル空間においては、**正しいことや知っていることを、そのままストレートに主張するのが、必ずしもよい結果をもたらすとはかぎりません。**

むしろ、**受け手側であるユーザーとの関係を損ないかねない怖さがある。**

それを忘れないようにしなければいけません。

まとめ

**「知っている側」と「知らない側」の対立を起こさない**

# 共感の言葉を、まず、入れる

発信しなければいけないが、どうしても「対立を生みやすい」「反感を買いやすい」「炎上しやすい」というテーマもあります。

新型コロナウイルス関連の記事には、そうした「気をつかう」テーマが少なくありませんでした。「マスクする・しない」「ワクチンを打つ・打たない」などです。

新型コロナウイルスによってマスク姿は日常風景になりました。

一方で、街頭でマスクをしないよう呼びかける人たちも現れました。私も、人であふれる渋谷駅で、物々しい看板を掲げてマスクなしの生活を訴えるグループを見かけたことがあります。

行き交う人たちは、たいてい見て見ぬふりをして通りすぎていきます。もし、そのうちの誰かが「マスクをしないことは他の人の迷惑になると思いませんか?」と問いかけたら、たいへんな事態になっていたでしょう。

しかし、この渋谷駅で見たマスクなし運動のような光景、デジタル空間では、至る所で繰り返されています。

ちょっとでも違う意見が耳に入ると、過剰に反応し、強い言葉で攻撃してしまう。そうやって、どんどん自分の考えに固執してしまう負のスパイラルが、たくさん生まれています。

こうした対立を呼びやすいテーマを書く際には、医療ジャーナリストの市川衛さんが書いた、新型コロナウイルスのワクチンを怖がる人への対応がヒントになります。

**「ワクチン『おすすめ』の落とし穴　#健康警察『説得』上手くいく？」（2021年4月21日配信）**

市川さんが提唱するのは、**「まず共感する」というステップを入れること**。

子どもにワクチンを打つ際、その副反応を心配する親に、「医療のことは何も知らないくせにワクチンを怖がるあなたに問題がある」と言ったら、その時点で会話は終了です。

そうではなく、「気持ちはわかります。お子さんのことを思って、とても良く勉強されていますね」と声をかける。

**共感の発言を、まず伝える**のです。


これは、**対立を呼びやすいテーマを書く際、炎上を防ぐためにも大切です。**

**文章のはじめに、まず、「共感の言葉」を入れる。**

それだけで、炎上を防げる確率が高まるのです。

反対に、絶対にやってはいけないことは、**「最初に問題点を指摘する」**こと。

それをしてしまうと、否定されたうえに攻撃までされたと受けとめ、反発してしまうことも珍しくありません。

対立しやすい、反感を買いやすいテーマは「最初が肝心」なのです。

＼まとめ／

**対立しやすいテーマは**
**まず「共感の言葉」から始める**

# 「反対意見」はあらかじめ盛り込んでおく

どんな考えにも反対する人はいます。アンチと呼ばれる人はどこにでもいます。

自分と違う意見と向き合うのは、正直、しんどいものです。

でも、**賛否が分かれるような事案について自分たちの姿勢を説明しなければいけない場面**はあります。

わかりやすいのは不祥事の対応。あるいは価格の改定。定番商品の製造中止を発表したり、リニューアルしたりすることもあるでしょう。

そんな時、**反発を最小限にとどめる工夫**をしなければいけません。

「これ絶対、アンチの人が反論してきそうだなぁ」とわかっていながら、あえてそれを取り上げたのが次の記事です。

**「選択的夫婦別姓、反対意見から考えた　慣習が誰かを苦しめていないか」（2021**

年10月7日配信／水野梓）

選択的夫婦別姓について、反対する意見を中心に取り上げた記事です。

世の中には、当たり前ですが選択的夫婦別姓に批判的な考えをもつ人がいます。

そして、デジタル空間には、何かに強いこだわりをもつ人の声ほど、大きくなってしまうという特徴があります。

なぜなら、**どちらでもいいと思っている人はわざわざ発言をしないから。**

そして、多くのユーザーの目に入ってくるのは、極端な意見だけになるという状況が生まれてしまいます。

選択的夫婦別姓というテーマは、その典型的なものだといえます。

選択的夫婦別姓を認めるべきだという思いが強ければ強いほど、それに対して異を唱えるコメントが寄せられてしまう。結果、記事よりも、コメント欄の対立が目立ってしまうという状況になりがちでした。

そのため、この記事ではタイトルにもあるように「反対意見」から考えることにしました。「反対意見」を頭から否定したり、無視したりするのではなく、まずその内容を受けとめて、その中で事実と違うもの、考えが異なる点を整理してみようと思ったのです。

記事の書き出しは「『名字』のとらえ方から『結婚』について考えます」です。**大事なのは、あくまで「考える」にとどめているところ。**選択的夫婦別姓を導入するべきだとは言いきらない。ましてや、**反対する人を否定しない。結論を押しつけない姿勢**を強調しています。

記事では、反対派の声を詳しく紹介しました。「日本の伝統が崩れる」「家族の絆が壊れる」「子どもがかわいそう」。それに対し、丁寧に答えるような文章を入れました。

この記事で意識されているのは、**反対する人の心配にも向き合う、という姿勢**です。**自分と違う意見を無視しない。SNSでネガティブな反応が起こりそうな要素は、あらかじめ記事に盛り込んでしまう。**

そうやって、なるべく、丁寧な地ならしができるよう心がけました。

とはいえ、それで反対意見をもつ人を説得できるかというと、そんなに甘いものではありません。

**丁寧な地ならしが意識しているのは、「反対派」ではなく、「記事の反応を静かに見ている大多数のユーザー」**です。

何かを発信することによって激しい議論が起きると、そのテーマにそれほど関心のない多くのユーザーとは距離ができてしまいます。

これは、ユーザーとのつながりを考えるうえで非常にもったいない状況だといえます。せっかく発信するのだから、逆効果になる事態は避けたいところです。

**「否定しない」「押しつけない」「向き合う」。これは、選択的夫婦別姓にかぎらない、異論が必ず出ることが予想されるテーマを発信する際、忘れてはいけない姿勢です。**

とくに、書く側に確固たる考えがあり、自分の意見に反対する人が容易にイメージできる場合は要注意です。

＼まとめ／

賛否が分かれるテーマは、「否定しない」「押しつけない」「向き合う」が大事

# 言いにくいことを書くときは、「他人を巻き込まない」

自分の考えや行動で「これ、ちょっと正しいとは言いきれないやつだよなあ」なんて思うこと、ありませんか？

部下の間違いを叱らず優しく指摘したいのに、思わず怒鳴りたくなるときがある。

差別をしてはいけないけど、つい、肩書きや年齢で判断してしまう。

**こういう意見をデジタル空間で発信するのはためらわれます。**

正直な本音だけど、言いにくい。

**当然のように反論されたり、炎上したりするからです。**

でも、そんな「言いにくい」に正面から向き合うことが価値を生む場合があります。

それを実践したのが、「息子とデート」という名称をめぐって起きた議論を取り上げる記事です。

あるホテルの宿泊プランで使われた「息子とデート」という表現について、「子どもを親の所有物のようにしている」「娘では使わない表現を息子には使うのは差別」など、さまざまな批判が巻き起った出来事がありました。

ｗｉｔｈｎｅｗｓでは、「息子とデート」の何が問題だったのか、識者への取材を通して考える連載を企画しました。

全体的に「息子とデート」という表現に批判的な内容になっています。

しかし、編集部員の一人・松川希実さんは、「息子とデート」に、どちらかというと肯定的でした。自分も同じような気持ちで自身の息子に接していたというのです。

これを聞いたとき、私は絶対に記事にするべきだと思いました。

なぜなら、**「言いにくいこと」ほどユーザーとつながれる接点はないから**です。

その結果、生まれたのが次の記事です。

**「『息子とデート』子育ての〝ささやかな楽しみ〟と〝毒親〟の境界線」（2021年8月15日配信／松川希実）**

この記事では、「息子とデート」を肯定的にとらえたこと、同時に、なぜそう思うのか、その理由にも触れています。

大変なこともある子育ての中で「わくわく」があることでがんばれる瞬間があるという、松川さん自身の子育ての経験から振り返っています。

もちろん、松川さんは、子どもを自分の所有物にしてしまう「毒親」の問題があるのも自覚しています。だから、自分と「毒親」の違いは何かを、専門家の話を聞きながら考える内容になっています。

この記事は、「息子とデート」を取り上げた連載の6本の記事の中でもよく読まれ、かつ、炎上もしませんでした。

**なぜ、ユーザーに落ち着いて受け入れられたのか。**

大事なのは一つだけ。

**「他人を巻き込まない」**ことです。

「息子とデート」を肯定しつつも、**「みんながそうするべき」とは絶対に言わない。**

そして、**すべて自分の体験が起点になっている。**

他の人がSNSに投稿した内容を否定したり、逆に、賞賛したりするのではなく、あくまで、自分の子育て経験をベースにしています。

それらを整理したうえで、専門家が説明する「息子のデート」の問題点を伝えています。書き手が専門家に相談するような構図です。

自分が抱いた違和感を正しいものとして押し通そうとするのではなく、なぜ自分が違和感を抱いたか教えを求める形になっています。

そうすると、異論があるユーザーも落ち着いて受けとめてくれます。

他人を巻き込まないこと。

これは、**「言いにくいこと」を書きたいときだけでなく、「ちょっととがった意見」を書きたいときにも応用できます。いわゆる「論破」とは真逆の発想です。**

**あくまで自分の問題として完結するようにする。**

それを丁寧に伝えることで、多くの人とのつながりを生むことができるのです。

まとめ

正しくはないかもしれないことも、
自分の問題として丁寧に伝えることはできる

●「『息子とデート』子育ての〝ささやかな楽しみ〟と〝毒親〟の境界線」（2021年8月15日配信／松川希実）より抜粋

当初、ＳＮＳで「息子とデート」をうたった宿泊プランが、「キモい」「毒親」などと「批判」されているのを見て、筆者はひやひやしていました。

２歳半の息子がいて、２人でたまに「デート」していたからです。

デートと言っても、息子と手をつないで歩いて、河川敷で並んで座ってジュースを飲む。「はんぶんこ」とお菓子を分け合って食べる。

ただの「散歩」なのですが、「デート」だと思うと、少し、わくわくしました。

連載には、コメントやメールなどでたくさんの感想をいただきました。その中に、「デート」したかった筆者の気持ちに重なるものがありました。
（中略）
社会学者・品田知美さんは「言葉の使い方って大事」と指摘しました。「デート」という言葉は、母からすれば「フラット」かもしれませんが、「息子は断れないあるいは、忖度（そんたく）せざるをえない状況ならば、その時点でフラットじゃありません」。

言葉は使う当人が意図していなくても、古くからのストーリーを、無意識に価値観に植え付けていくと言います。

品田さんの言葉で印象的だったのは、「（子どもを）自分の付属物、アクセサリーにしない、自分の楽しみのために使ってはいけない、ということでしょうか」「『デート』や『しつけ』といった性愛やペットに対してなど別の文脈で使う言葉を、子どもに対して使わないようにしています」という、「境界線」を踏み越えないための意識の持ち方でした。

全文はコチラ☞

# 炎上から逃げずに、もう一度コンテンツにする

炎上をチャンスに変える。といっても、炎上はできれば避けたいものです。

しかし、**炎上はどんなに対策をとってもゼロにはできません。**さまざまな考えをもっている人が自分で発信できるのがデジタル空間です。

全員が賛同だけを示してくれる情報なんてものは、突き詰めると、存在しないからです。

となると、唯一の炎上対策は発信しないことになってしまうのですが、そうも言ってられません。発信しなければユーザーとつながることもできない。

そこで私は、ある炎上対策を考えました。**「自分たちの炎上自体をもう一度、コンテンツにしてしまう」**のです。

シェアハウスの仲間の協力で子育てをしている夫婦の記事がその一つです。

**「出産してもシェアハウス、夫婦で社会実験中　ぶっちゃけ大丈夫？」（２０１７年５月15日配信／永田篤史）**

記事にはたくさんの反響がありましたが、すべてがポジティブなものではありませんでした。むしろ目立ったのはネガティブな反応です。

「他人を安易に頼りすぎている」「自分たちだけで育児できないなら子どもをつくるな」といったように、夫婦の姿勢を批判するものが少なくなかったのです。

いわゆる炎上といえる状態でした。

だからといって、「ご不快な思いをさせたことをお詫びします」として沈静化をはかるべきかというと、それは違うと思いました。

**間違った情報は伝えておらず、それによって誰かを傷つけたわけでもないからです。**

記事の反響は、紹介した夫婦も把握していました。

夫婦は「批判される内容は『なるほど』と勉強させていただいた」と冷静に受けとめていました。そこで、本人たちの同意をもらい、２本目の記事として、**批判へのアンサーを書くことにしました。**

これは、炎上の対応として、珍しい展開だったと思います。普通なら沈静化をはかるところを、わざわざ、自分から再び、同じテーマを持ち出したのですから。燃料投下と言われてもしかたありません。

それでも、最初の記事の2カ月後に2本目の記事を出しました。

**「『子育てシェアハウス』に思わぬ反論、これが日本の『しんどさ』か…」（2017年7月26日配信／永田篤史）**

2本目の記事では、次のような論点整理をしています。

・そもそも、シェア子育ての考えに共感している人と一緒に暮らしていること。
・核家族化と共働きが当たり前の時代、どんな家庭でも自分たちだけで子育てが完結できないこと。
・保育園や昔あったご近所の助け合いも、他人に子育てをシェアしているという意味では変わらないこと

結果、意外なことが起きました。
記事に共感するコメントばかりが寄せられたのです。

●「『子育てシェアハウス』に思わぬ反論、これが日本の『しんどさ』か…」（2017年7月26日配信／永田篤史）より抜粋

記事は5月に「出産してもシェアハウス、夫婦で社会実験中　ぶっちゃけ大丈夫？」という見出しで配信しました。この記事が転載されたポータルサイトでは100件を超すコメントが寄せられました。その大半が記事に対する否定的な内容でした。

記事への反応について、どう思ったのか？　会社員で10月に第1子を出産予定の栗山（旧姓茂原）奈央美さん（32）と、一緒のシェアハウスに住んでいる会社員で独身の阿部珠恵さん（32）の2人に話を聞きました。

栗山さんは「もちろん、私たちも第1子で、大変さはまだリアルには分からないので、批判される内容は『なるほど』と勉強させていただいています」と受け止めています。
（中略）
栗山さんは群馬県、阿部さんは山口県出身で、都内で仕事をしながら親のサポートを期待するのは正直、難しいことが想定されました。

そこで、新たな可能性として浮上したのが、家事や育児をシェアして効率化できるシェアハウスでした。

## シェアハウスは「いつ出て行っても良い世界」

同居人との関係について、ネット上では責任の所在に対する疑問が寄せられました。

「事故があったりして子供が怪我などをすると自分の責任を棚に上げて責めるのではないか」
「実際は気が弱そうな人が幼稚園の送り迎えなどを押し付けられるのではないか」

全文はコチラ☞

シェア子育ての意義が再確認され、タイトルにも採用した「日本のしんどさ」がユーザーに伝わったという手応えがありました。

**誰かを傷つけたり、事実と違う情報を載せたりしたわけではないのなら、炎上しただけで失敗ととらえる姿勢は、あらためたほうがいい**と思います。発信者の気持ちを萎縮させ、ユーザーとのつながりを阻害してしまうからです。

**炎上の反応を丁寧に精査し、次につなげる。**

反応がまったくない記事に比べれば100倍まし、という気持ちで炎上に向き合ってみてもいいのではないでしょうか。

＼まとめ／

「炎上＝失敗」ととらえず、丁寧に向き合い、再コンテンツ化する道も

# 6章

# マンガ、動画……文章以外でつながる

# 伝わりやすい「器」に入れて伝えたいことを届ける

文章を書くときに、「どのように、そのメッセージを載せるか」はとくに意識します。

**「どのように」は、文章のフォーマットと言い換えることができます。**

例えば、紙の新聞記事。これほど強固なフォーマットはありません。紙面はスペースが限られていますから、文字数は制限され、使える写真も多くありません。基本、情報をそぎ落としていくフォーマットです。

限られたスペースに多くの情報を盛り込める。これ、紙面では最強のフォーマットですが、そのままデジタル空間で使うと失敗します。

文字数や写真数の制限がないデジタル空間のユーザーからすると、物足りないにもほどがあるからです。

振り返ると、私の編集長としての仕事は、このフォーマットに、とことん向き合うことでもあったと思います。

届けたいメッセージは紙もデジタルも一緒でかまいません。

でも、届けやすい形は違います。**伝わりやすい「器」に伝えたいものを入れて届けなければいけないのです。**

ウェブの記事にも、よく使われる一般的なフォーマットはあります。

タイトルがあり、サムネイルがあり、サマリーが現れる。そして本文、記事中の写真、またテキストと続いていく。

なじみのあるフォーマットはユー

ザーに読みやすさを提供します。

一方、この一般的なフォーマットにも限界があります。届けたいユーザー、扱いたいテーマとの相性によっては、ユーザーがストレスを感じてしまうことがあるからです。

編集長をやっていた8年の間、マンガという手法を使ったり、流行の料理動画をニュースに応用したり、メッセージアプリの会話のような感情表現を試行したり。

デジタルならではのフォーマットをひねり出してきました。

これらの努力は、すべてユーザーとつながるためです。

ユーザー側は、どんどん新しいフォーマットを吸収しています。ショート動画や、マンガ、スタンプなどなど。使い勝手のいいフォーマットは次から次へと生まれ、ユーザーは乗り換えています。

**ユーザーが支持している新しいフォーマットがあるなら、発信する側も柔**

**軟に対応し、カスタマイズしていかなければならない。**

発信する側がユーザーに寄り添うことで、新しいフォーマットを開拓することもできます。

それは、ユーザーとつながるために必要な工夫でもあります。

6章では、そんな問題意識の中から生まれた「**意外と使えるフォーマット**」を紹介していきます。

# 「言葉にしづらい感情」を表現できるのがマンガ

マンガをエンタメの世界だけにとどめておくのはもったいない。

**マンガの一番の強さは「言葉にしづらい感情」を表現できること**です。

4章でお伝えしたシリーズ企画「#withyou」では、10代を意識したマンガの手法にも挑戦しています。

**「『学校しんどい、わかるよ』優しい言葉、今苦しい僕には届かない」（2018年8月21日配信／河原夏季）**

この記事は、「学校がしんどかったという君へ」というテーマでマンガ家に作品を描いてもらう企画の中から生まれました。

いじめられている若者が、自分を励ます男性に「じゃあ代わってくんね?」と言い返すドキッとする展開になっています（229ページ参照）。

記事では、自身もいじめられた経験をもつマンガ家、つのだふむさんのインタビューとともに、作品を紹介しています。

いじめに悩む当事者のため、前向きなメッセージを届けようとするのは一見、大事な姿勢のように見えます。

でも、正直、今、苦しんでいる当事者は、それどころではありません。目の前の困難に対して、どこまで想像力が働いていたのだろうか。作品を前に編集部のメンバーは沈黙せざるをえませんでした。

**当事者の苦しみに寄り添えない記事が、ちゃんと届くわけがありません。**

相手のことを考えない「前向きなメッセージ」は、実は当事者のためではなく、発信する側も含め、その他のたくさんの〝大人〟が納得するために発信していたのかもしれない。

これまでの自分たちの報道姿勢を問われているような作品でした。

マンガは、事実ではなく創作です。

でも、いじめられる側の傷を率直に表したエピソードは、**当事者にしかわからない苦しさを言葉にするより強く伝えてくれます**。

ひとコマに入る情報量と、10代の当事者への親和性というアプローチの強さからも、マンガを使わない手はありませんでした。

＼まとめ／

マンガは、言葉にするより強く
うまく感情を表現できる

●つのだふむさんのマンガがこちら。「『学校しんどい、わかるよ』優しい言葉、今苦しい僕には届かない」（2018年8月21日配信）より

出典：株式会社コミチ

全文はコチラ☞

# 普通の人の普段の生活を共感コンテンツにする

ユーザーの共感は集めるんだけど、ニュースとしての目新しさは少ない。**そんな「普段の生活」という素材を、とびきりのコンテンツに変えてしまう魔法がマンガ**です。

ｗｉｔｈｎｅｗｓの人気連載にマンガ家の深谷かほるさんによる「夜廻り猫」シリーズがあります。

主人公は猫の遠藤平蔵。街で見かけた人々の「心の涙の匂い」に寄り添う作品です。例えば、同居するパートナーとの「普通の会話」に心が救われるという女性の心情を描いたのが左ページの作品です。

普段の生活でどんな時でも、機嫌よく返してくれる相手がいることのかけがえのなさを、日常のひとコマを通じて伝えてくれます。

毎回、とても反響が大きい「夜廻り猫」シリーズですが、**登場するのはたいてい、**

●「仕事は厳しい…あふれる不安消してくれる普通の会話　マンガ夜廻り猫」（2021年12月29日配信）より

全文はコチラ☞

**普通の人たち**です。その人の人生においては大変な出来事ではありますが、社会を揺るがすレベルかというと、そうではありません。

文字だけでそれを伝えようとすると、どうしても、説得力に欠けてしまいます。ところが、マンガになるとそれが一変します。

感情を視覚的に描けるマンガ特有の表現手法によって、ユーザーが自分に置き換えて共感しやすくなるからです。

大きな偉業を成し遂げる。日本中から同情される悲劇に遭う。そんなことは、めったに起こりません。むしろ、日常のひとコマのほうが距離が近い。その**共感部分を抽出してくれるのがマンガ**なのです。

マンガは絵があることで世界観が固定されるように思えますが、実は、受け手の想像力をかき立ててくれます。

そこから自分に置き換えて「共感」が生まれるのです。

それは、コメントやシェアとして現れます。

マンガで描かれた場面がきっかけで生まれる会話がある。

そこで語られるものの多くは、ユーザー自身の思い出です。他人について何か意見するような流れにはなりにくいため、あまり荒れません。

誰も傷つける心配がないので、言葉のキャッチボールが生まれ、会話が盛り上がります。

結果、**そのコンテンツは「釣り見出し」に頼らずとも、多くの人に読まれるのです。**

＼まとめ／

**マンガは、受け手の想像力をかき立て**
**会話を生んでくれる**

# 素人でもいい。マンガを描いてしまう

マンガは、もちろん誰もが描けるわけではありません。プロの作品は、編集者として接していて毎回、そのクオリティーの高さに感動します。

それだけに、プロと仕事をする際は、時間やお金について、それなりの準備をしなければいけません。

一方、仕事で情報発信をする場合、毎回、プロに頼めるわけではないという現実があります。

そんな時は、**自分で描いてしまうというのも一つの手**です。

デジタル空間でマンガが響く理由が、ユーザーとの距離の近さにあるなら、自分でも描けると思ってしまうような「ヘタウマ」な画風は親しみをもってもらいやすいからです。

それを証明したのがこの記事です。

**「ポスドクはつらいよ　結婚式で親族ドン引き『え…無職なの？』」（2017年11月6日配信）**

書き手は「ポス・ドクえもん」という匿名の博士研究員。いわゆる「ポスドク」といわれる人の境遇を紹介しています。大学院で博士号を取得するまで専門性を磨いたのに仕事が不安定なままでいる。そんな悲哀を描いた「ポスド苦日記」というシリーズの初回記事です。

シリーズでは結婚式で無職と思われたり、理系の研究者でも必要な「文章術」について解説したりといった「あるある」を紹介しています。

このシリーズ、使われるマンガはすべてポス・ドクえもんさんの手によるものです。当然、プロのマンガ家でもイラストレーターでもありません。

授業中、誰もが教科書のすみっこに描いたような素人のマンガです。でもそんなマンガが記事の表紙となるトップ画像を飾っています。

それでまったく問題ないのです。

**むしろ、その親しみやすさが、ポスドクの悲哀というテーマと相まって非常に多くの人に響きます。**同じポスドクの立場だと見られる人からもたくさんのコメントが寄せられました。

今ではタブレットで気軽にマンガが描ける環境が整っています。

「文章がいまいちうまく書けない」「文字だとちょっと重くなってしまう内容かな」「難しい内容と避けられたらヤダな」と思ったら、**自分で描いてしまえばいい。**デジタル空間において大事な「距離感の近さ」は、実は、素人のほうがはまる場合もあるのです。

＼まとめ／

うまくなくていいから、自分で描いてしまう。「ヘタウマ」が親しみやすさになることも

●ポス・ドクえもんさんが描いたマンガ。「ポスドクはつらいよ　結婚式で親族ドン引き『え…無職なの？』」（2017年11月６日配信）より

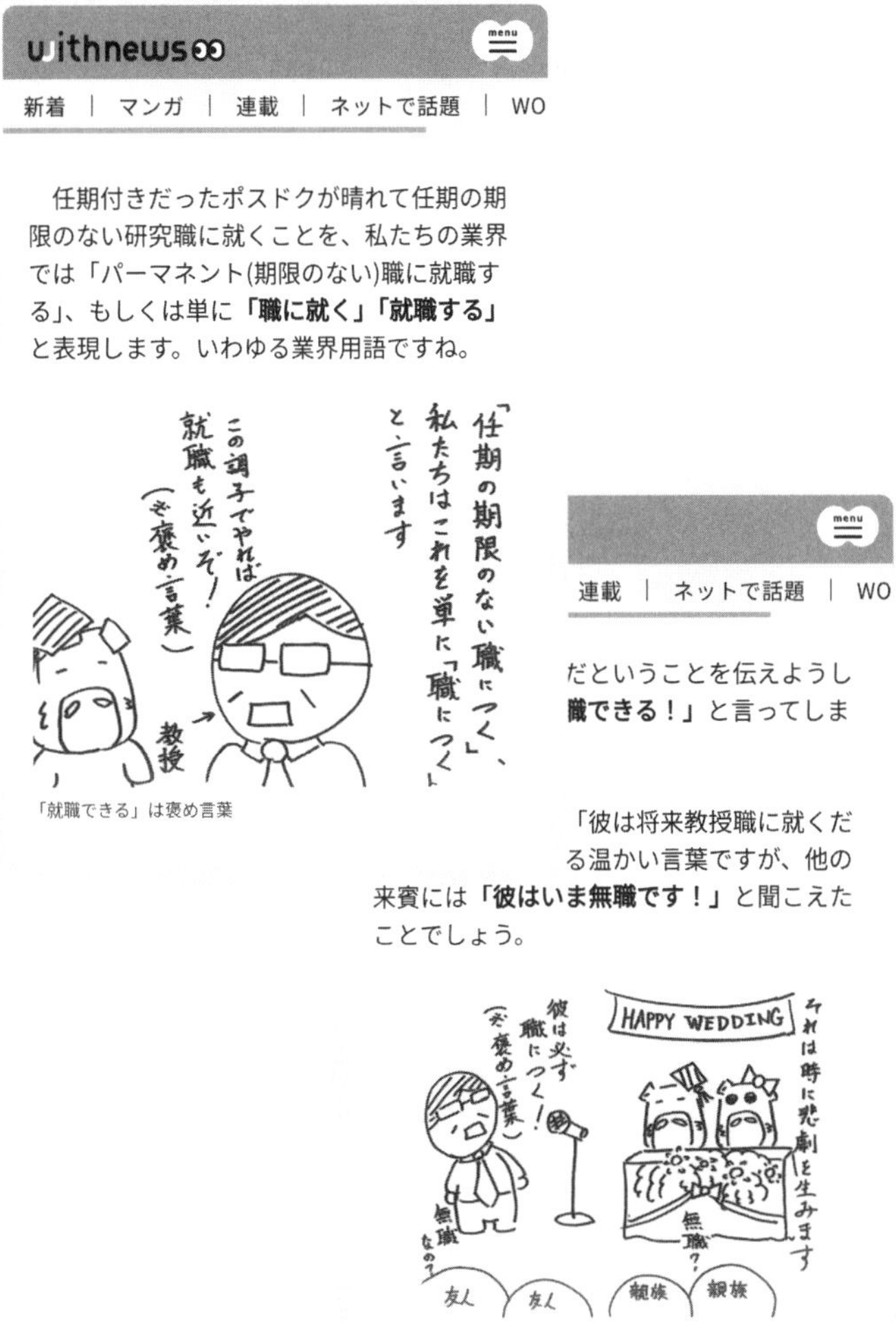
withnews
menu
新着 | マンガ | 連載 | ネットで話題 | WO

任期付きだったポスドクが晴れて任期の期限のない研究職に就くことを、私たちの業界では「パーマネント(期限のない)職に就職する」、もしくは単に**「職に就く」「就職する」**と表現します。いわゆる業界用語ですね。



「就職できる」は褒め言葉

menu
連載 | ネットで話題 | WO

だということを伝えようし
**職できる！」**と言ってしま

「彼は将来教授職に就くだ
る温かい言葉ですが、他の
来賓には**「彼はいま無職です！」**と聞こえたことでしょう。



全文はコチラ☞

# 猫コンテンツに堂々と乗っかる

**猫コンテンツは強い。**デジタル空間の常識です。

ＳＮＳに投稿された、かわいらしい仕種の動画が、とんでもない反響を生むことも珍しくありません。

一方で、猫ばかりがバズることを問題視する声があるのも事実です。しかし、ユーザーが盛り上がるきっかけを提供することも、コンテンツの大事な価値です。

私自身、編集長として猫コンテンツを大いに活用してきました。

ｗｉｔｈｎｅｗｓの猫コンテンツとして代表的なものが「猫と警備員」シリーズです。

２０１７年3月24日、「招き猫亭コレクション　猫まみれ展」を開催中の尾道市立美術館に近所の黒猫がやってきて、警備員と攻防を繰り広げるという内容の記事を配信しました。

**『お客さま、困ります！』猫まみれ展にネコが来場、攻防にほっこり」（2017年3月24日配信／若松真平）**

記事はとてつもない数の人に読まれ、編集部でも猫の強さを実感することになりました。

しかし、これで話は終わりません。尾道市立美術館では、定期的に「猫と警備員」の様子をTwitterに投稿しており、「攻防はまだ続いていた」「死んだふり作戦？」など、次々と話題を提供していました。

そこで、再度、記事にしたところ、**1回目と変わらない反響があった**のです。「猫と警備員」のやりとりという意味で、大きな違いはありません。辛口のユーザーからは「同じような話ではないか」とお叱りの声をいただくところです。しかし記事に寄せられるコメントは前向きなものばかりでした。

普通のユーザーにとって、スマホは隙間時間を過ごすための道具です。長い文章や重い内容の動画をスマホで味わうのは、むしろ例外といえるでしょう。

そんな隙間時間にも最適な猫コンテンツは、ユーザーの心をがっちりつかんでいます。そこにコミットすることは、ユーザーとつながるうえで避けては通れません。

そのチャンネルを切り開いてくれたのが「猫と警備員」シリーズでした。

「猫と警備員」シリーズの記事はこれまで、20本以上、配信されています。記事の最後には毎回、「混雑している時はなかなか見られない光景です。もし遭遇したら温かい気持ちで見守ってくださいね」といった、「美術館の職員の一言」がついています。定番の猫の話題であっても、毎回、美術館の職員に丁寧に取材している若松さんだからこそ伝えられる、このさりげないメッセージは、「猫と警備員」シリーズの大事な要素です。

一方、**記事のフォーマットはとことん共通化**されています。これは、隙間時間という短い時間に関心が移っていくユーザーを離さないために必要な工夫でした。

冒頭で伝える概要は、だいたい100文字程度です。Twitterの制限文字は140文字ですが、実際はURLのリンクやハッシュタグが入るので、本文はたいてい100文字以下になります。つまり、冒頭部分は、Twitterで親しまれていいる文字数になります。

**まず、ユーザーが気軽に読みやすいフォーマットを用意する。そこに、「美術館の職員の一言」のような自分らしさを添える。**そんな、**ユーザーの期待を裏切らない、偉大なるマンネリがあってもいい。**

猫コンテンツには、ユーザーに届き、かつ何度も読みに戻ってきてくれるようなファンをつくる強さがあります。

それに堂々と乗っかるのもいいのではないでしょうか。

＼まとめ／

偉大なるマンネリ。
ユーザーの心をつかむ猫コンテンツの価値は大きい

# 動画の「気軽さ」を活用して伝える

日々、さまざまなサービスが生まれては消えていっているのがデジタル空間です。そこには、ユーザーが何を求めているかがわかりやすく現れます。だとするなら、激しい争いに勝ち残った勝者の手法を活用しない手はありません。

2016年頃から日本で広まったのが「料理動画」です。1分程度の時間、早回し、上からの固定カメラ、大きめのテロップといった特徴がありました。

従来の料理をする人のマニュアルのような位置付けのコンテンツと違って、ユニークなレシピをスマホで眺めているだけでも楽しめるのが魅力の新しいコンテンツになっていました。

新しい手法を応用するとき、大事なのは、**そもそも自分たちの中にある伝えたいことの課題解決につながるかを確認すること**です。単に流行のスタイルに乗っかるだけではＮＧです。

料理動画には「気軽さ」があります。そして、そこに流れる空気は炎上とは無縁です。

逆を言えば、**炎上のリスクがあるテーマを伝えたいときにはそれを補ってくれる要素がそろっているとも言えます**。

そんな思考整理をしたうえで考えた企画があります。

**「『日本の給食』そっくりに　息子の弁当箱に詰めたムスリムママの思い」（2018年11月17日配信／松川希実）**

日本で暮らすインドネシア人でイスラム教徒の母親が作る子どものお弁当について取り上げたものになります。

取材した家庭では、イスラム教の戒律で豚やアルコールを口にできないため、学校の給食ではなく、お弁当を持たせていました。

しかし、見た目が給食とあまりに違うといじめられてしまう。そう心配した母親が、自分では食べたことのない日本のレシピについて、想像力を働かせて作る様子を取材班が動画で撮影しました。

母親はGoogleの画像検索を駆使して、食べたことのない料理を再現していきます。例えば「親子煮」。動画では、オイスターソースやインドネシアの調味料「ケチャップ・マニス」のような、日本人は使わない調味料を用いてお弁当を完成させていくまでをテロップをつけて編集しました。

完成した動画は、本家の料理動画のフォーマットを踏襲しつつ、「これが親子煮?」と思わせる、突っ込みどころもある雰囲気になりました。

流行りの料理動画を活用した背景には、外国人をテーマにしたコンテンツが抱える難しさがありました。

**外国人が日本で経験する困難を紹介すると、ヘイトスピーチなどで問題となっているような偏った意見が寄せられてしまう可能性があったのです。**

せっかく取材に応じてくれたのに、当事者を傷つけるようなことがあってはならない。そのためには、いつもの伝え方ではない新しいアプローチが必要だと考えました。

困っている人に対して、不寛容な言葉を投げつけてしまうことが、とくにSNSでは起きてしまいがちです。

もちろん、非があるのはそういう言葉を投稿する側です。しかし、ＳＮＳのタイムラインに過激な言葉が出てしまうことの悪影響を無視するわけにもいきません。

料理動画は、そういった差別とは距離のある世界です。

ユーザーがなるべく構えずに、普段の生活の延長線上にある話として受け取ってもらうため、その料理動画のフォーマットを使わせてもらったのです。

まとめ

**内容を補ってくれる流行のフォーマットを活用する**

## 「ゆるさ」を出すためにＬＩＮＥの会話形式を使う

前項のムスリムママとは反対に、記事の内容に寄せたフォーマットを使うことで、相乗効果を狙ったケースもあります。

**『ｍｉｘｉ』久しぶりに開いてみたら… 『黒歴史』だけど輝くあの頃」（２０１９年１月１日配信／野口みな子）**

日本で生まれたＳＮＳであるｍｉｘｉを十数年ぶりに開いてみながら座談会をするという企画です。

この分野に詳しい吉永龍樹さんをゲストにお呼びして、記者３人と一緒に語り合った内容を記事にしています。若い頃にやってしまった思い出したくない「黒歴史」で盛り上がるという、柔らかい記事になっています。

こういった記事の場合、その場の雰囲気をどこまで再現できるかが大事になります。

**会話の盛り上がりをユーザーに味わってもらいたい。**

そのため、通常の記事の形ではなく、登場する4人の顔写真を用意して、発言と顔をセットで見せる作りにしました。

これは、多くの記事で使われる手法ですが、私たちが意識したのは、**LINE**です。スマホのユーザーにとって、一番なじみのあるスタイルはLINEでの会話だと考え、それを再現するような形になるよう編集していきました。

例えば、mixiはID番号から登録した順番がわかるという吉永さんの解説から始まる会話は次のように進みます。

〈吉永さん：この3人の中では山下さんが一番早いってことになりますね〉
〈山下記者：いえ～い！〉
〈吉永さん：ちなみに僕のIDは「9064」。4桁ですけど。〉
〈山下記者・神戸記者・野口記者：早くも古参マウンティング！！〉

このように発言を短く区切ることで「ポンっ」と投稿されるＬＩＮＥの会話のような流れを生み出しています。

顔写真は、突き詰めると記事を書くうえで必要ではありません。

でも、発言者の顔写真が会話のたびに現れると、まさに**ＬＩＮＥの画面と同じ雰囲気になるため、大事な要素として考えました。**

こうしてＬＩＮＥに寄せていくことで、発言の語尾もやわらかくなりました。

〈神戸記者：あと僕は「いろんな多様性を受け止めたい」と思っているので、「認める」っていうコミュニティ入ってました〉

〈山下記者：「認める」……そんなのまであるんですか！〉

〈神戸記者：そうですよ～……でも今見たら、アカウント１０７人しかいないですね〉

〈吉永さん：割と小さめの「認める」ですね〉

〈神戸記者：そうみたいですね……（しょんぼり）〉

通常の記事の形だと入れにくい「（しょんぼり）」のような表現も自然に使え、当日

● LINEに寄せたフォーマットで記事を作成。「『mixi』久しぶりに開いてみたら…『黒歴史』だけど輝くあの頃」（2019年1月1日配信／野口みな子）より

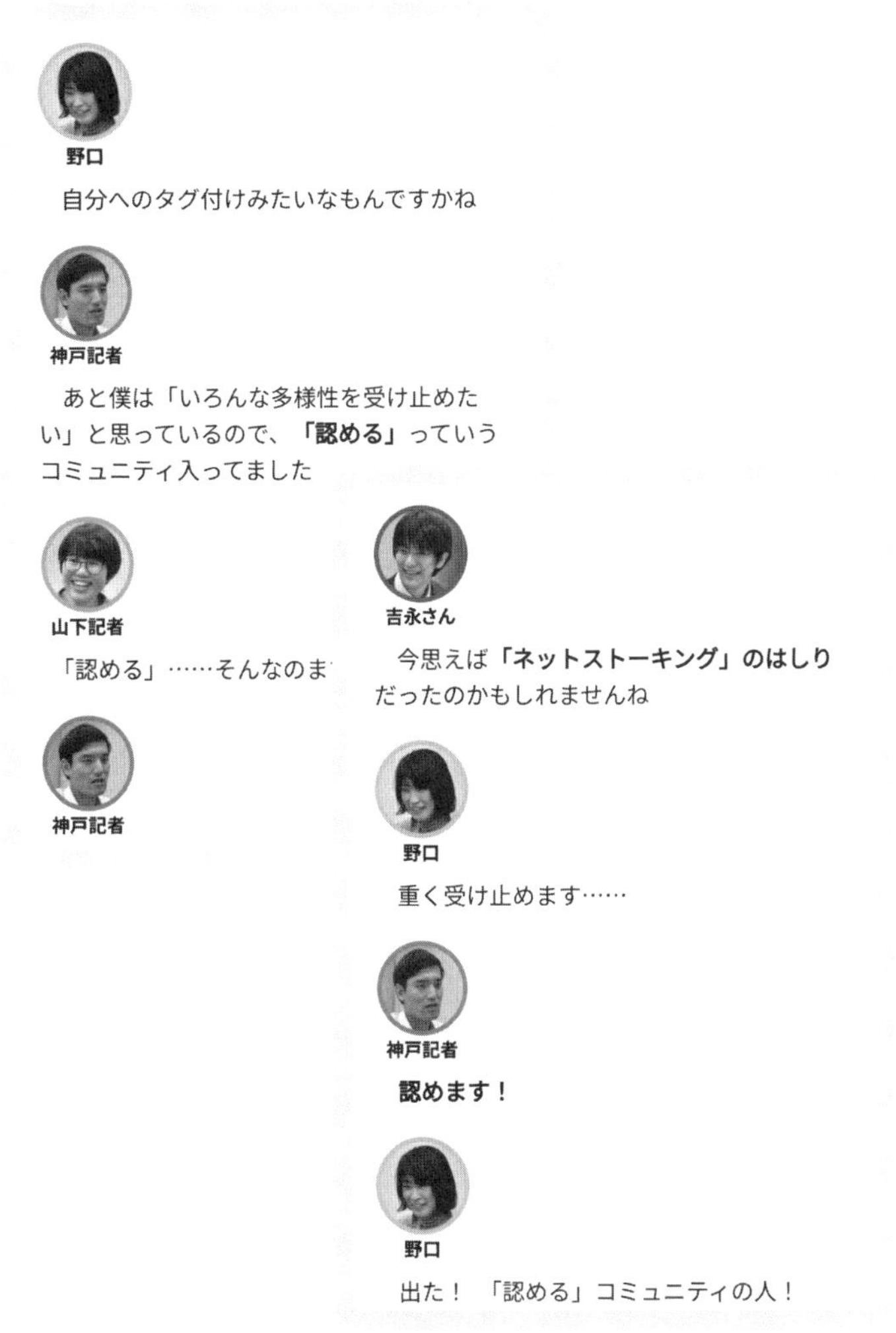
野口
自分へのタグ付けみたいなもんですかね
神戸記者
あと僕は「いろんな多様性を受け止めたい」と思っているので、**「認める」**っていうコミュニティ入ってました
山下記者
「認める」……そんなのま
神戸記者
吉永さん
今思えば**「ネットストーキング」のはしり**だったのかもしれませんね
野口
重く受け止めます……
神戸記者
**認めます！**
野口
出た！　「認める」コミュニティの人！

全文はコチラ☞

の空気感をそのまま再現できました。

紙と違い文字数に制限がないことが特徴だったデジタル空間でしたが、逆に情報をコンパクトにしたＴｗｉｔｔｅｒが人気になりました。

形式ばったメールではなく、ＬＩＮＥやチャットツールがビジネスでも当たり前のように使われています。

ＴｉｋＴｏｋをはじめとして、動画の長さはどんどん短くなっています。

多くのユーザーに受け入れられている形はどんどん変化しています。

**その変化に対応していくことは、ユーザーとつながるための近道になるはずです。**

＼まとめ／

ただ、文章を書くだけでなく、文章の内容に合った形で伝える

# おわりに

最後まで読んでいただき、ありがとうございます。

ひと言でいうと、この本に書かれているのは「ずるい技術」です。ウェブの世界は最新情報ほど強い、有名人にからんだほうが読まれる……そんな〝正解〟をいちいち否定していく構図になっています。

でも、考えてみてください。デジタル空間は一つの〝正解〟が見つかると、みんなが一直線に向かっていきがちです。一本の蜘蛛の糸めがけて、無数のプレイヤーが群がっているようなものです。そんな厳しい戦いで勝とうとすると、いつの間にか〝正解〟がPVやリツイートのような数字に置き換わってしまいます。

なぜなら、数字を相手にするのは効率的だからです。

テストを繰り返していけば、一定の成果は出ます。真面目な人ほど、結果を出すために数字を追いかけます。

その引き換えに失うのが、一人ひとりの思いです。いつしか、届けたい相手の顔は見えなくなり、数字のやりくりを繰り返すようになる。

そんなところから、つながりなんて生まれるはずもなく、最悪、対立を煽ることで数字を稼ぐようなダークサイドに落ちてしまいます。ウェブメディアに関わるなかで、そんな負のスパイラルにはまってしまうケースを何度も見てきました。

今、足りないのは、〝正解〟をうのみにしないずるさです。もっとずるくなって、つまらない〝正解〟の裏をかいてほしい。そんな思いを込めて、これまで経験してきたことをお伝えすることにしました。

そして、さらにずるい告白します。

文章術とうたっておきながら、本当の思いは別にあるんです。

それは、「多様性」への危機感です。

数字がとれる、とれないで判断された結果、たくさんの価値ある情報が日の目を見ず、忘れ去られていくのを目にしました。

なかでも一番悔しかったのが、「どうせ読まれない……」と発信自体をあきらめてしまう人がいること。

本来、自由で新しいものに開かれているのがデジタル空間なのに、真逆の状況になっている。PVがとれなさそう、SNSでバズらなさそう。そんな理由であきらめてしまうのは、もったいない。

ありきたりな〝正解〟に負けない、情報の原石を輝かせるお手伝いをしたくて書いたのが、この本です。

思い出すのは、2000年、新人記者として取材をした「高校野球」です。たくさんの選手に会いましたが、その中で全国に名前を知られるようになるのはほんの一部。地方大会を勝ち抜き甲子園にたどり着いたチームだけです。

でも、当然のように、試合で結果を残せなくても、光り輝いている若者はたくさんいました。その姿を読者に伝えたいと思っても、負けたら最後。その機会を見つけることはできませんでした。

それから、20年以上が経ち、デジタル空間で仕事をすることとなった今、同じような思いをもっている自分がいました。

予選を勝ち抜かないと人々の目に触れない現実があるなら、突破するコツを知ってもらうことで、情報の多様性を広げたい。こんな出来事もあったんだ。こんな面白い人がいるんだ。そういう出会いを増やしたいと願っていました。

どうしたらそれが実現できるのかと悩んでいたときに現れたのが、ディスカヴァー・トゥエンティワンの編集者・大田原恵美さんです。

「それならぜひ、『本を出す』ことで知ってもらいましょう」と誘ってくださいました。そして、どんな伝え方なら読者に届くのか、二人三脚で付き合ってくれました。

この本が、多様な言論空間が発展していく一助になることを願いつつ、また新しいずるさを探していきたいと思います。

最後に、ｗｉｔｈｎｅｗｓで「夜廻り猫」を連載しているつながりでかわいい猫のイラストを描いてくださった深谷かほるさん、ｗｉｔｈｎｅｗｓに参加してくれたメンバーはもちろん、賞賛だけでなく批判コメントも含め、何らかの接点をもってくれた人、すべてに感謝を申し上げます。

２０２３年１月

奥山晶二郎

朝日新聞ウェブ記者の
**スマホで「読まれる」「つながる」文章術**
発行日　2023年2月17日　第1刷

Author　奥山晶二郎
Illustrator　深谷かほる
Book Designer　井上新八（カバー）　二ノ宮匡（本文）
Publication　株式会社ディスカヴァー・トゥエンティワン
〒102-0093　東京都千代田区平河町2-16-1 平河町森タワー11F
TEL　03-3237-8321（代表）　03-3237-8345（営業）
FAX　03-3237-8323
https://d21.co.jp/

Publisher　谷口奈緒美
Editor　大田原恵美

Marketing Solution Company
小田孝文　蛯原昇　谷本健　飯田智樹　早水真吾　古矢薫　堀部直人　山中麻吏
佐藤昌幸　青木翔平　磯部隆　井筒浩　小田木もも　工藤奈津子　佐藤淳基　庄司知世
副島杏南　滝口景太郎　竹内大貴　津野主揮　野村美空　野村美紀　廣内悠理
松ノ下直輝　南健一　八木眸　安永智洋　山田諭志　高原未来子　藤井かおり
藤井多穂子　井澤徳子　伊藤香　伊藤由美　小山怜那　葛目美枝子　鈴木洋子
畑野衣見　町田加奈子　宮崎陽子

Digital Publishing Company
大山聡子　川島理　藤田浩芳　大竹朝子　中島俊平　小関勝則　千葉正幸　原典宏
青木涼馬　伊東佑真　榎本明日香　王廳　大﨑双葉　大田原恵美　佐藤サラ圭　志摩麻衣
杉田彰子　舘瑞恵　田山礼真　中西花　西川なつか　野﨑竜海　野中保奈美　橋本莉奈
林秀樹　星野悠果　牧野類　三谷祐一　宮田有利子　三輪真也　村尾純司　元木優子
安永姫菜　足立由実　小石亜季　中澤泰宏　森遊机　石橋佐知子　蛯原華恵　千葉潤子

TECH Company
大星多聞　森谷真一　馮東平　宇賀神実　小野航平　林秀規　福田章平

Headquarters
塩川和真　井上竜之介　奥田千晶　久保裕子　田中亜紀　福永友紀　池田望　石光まゆ子
齋藤朋子　俵敬子　宮下祥子　丸山香織　阿知波淳平　近江花渚　仙田彩花

Proofreader　渡邉理香
DTP　浅野実子（いきデザイン）
Printing　日経印刷株式会社



ISBN978-4-7993-2932-0 